液相色譜

液クロ武の巻

誰にも聞けなかった
HPLC Q&A
High Performance Liquid Chromatography

監修■東京理科大学薬学部教授 薬学博士
中村　洋
編集■(社)日本分析化学会
液体クロマトグラフィー研究懇談会

筑波出版会

第5作『液クロ武の巻』を世に送る

　この数年，学会活動は10月から11月の2ヶ月が勝負である．一つ目は，夏に合宿して査読した「虎の巻」シリーズのゲラが上がってくるので，校正しながら，索引を選ぶ作業であり，11月半ばまでに序文執筆を含めて終わらせなければならない．二つ目は，12月上旬に開催するLC-DAYs（液体クロマトグラフィー研修会）の参加者を募集・集計する傍ら，講師陣から要旨を提出してもらい，要旨集作成に必要な原稿を作成して11月半ばに印刷に回すことである．三つ目は，年明けの2月上旬に開催するLCテクノプラザ用の演題を集めてプログラムを編成し，11月20日頃までに学協会誌の1号に会告掲載を依頼する作業である．この三つを同時進行の形で，11月中旬を目処に纏める必要があるので，まさに自転車操業どころか，一輪車で綱渡りをしている状況である．今年も，この三重苦の中で，『1年に1冊ずつ「液クロ虎の巻」シリーズを刊行しよう！』という，液体クロマトグラフィー研究懇談会運営委員会の目標に沿って，何とか序文を書く段階に漕ぎ着けた．

　本書「液クロ武の巻」はシリーズ5冊目である．Q（質問）部分の出題力旺盛な運営委員諸氏も流石に筆の運びが遅くなった嫌いはあるものの，夏前には110問を超える問題数が集まった．早速，A（回答）部分の執筆者を決定し，原稿の作成をお願いした．恒例となった1泊2日の原稿査読会は辛い作業ではあるが，運営委員の研鑽と相互の親睦を兼ねた楽しい時間でもある．今年は（株）島津製作所の三上博久委員のお世話で，8月22日の13時に熱海湾を見下ろすホテル（水葉亭）に20名弱の運営委員が集合し，査読作業を行った．例によって，「前処理」，「分離」，「検出・解析」，「LC/MS」の4グループに分かれ，グループごとに原稿に朱筆を加える作業を17時まで行った．目も霞んできた頃，近隣の（株）島津製作所の熱海荘に移動し，海の幸に舌鼓を打ち，食後は1部屋に集まって液クロ談義に花を咲かせた．翌朝は，再びホテルに戻って9時から作業を再開し，前半はグループ内での査読意見の集約，後半はグループ間に跨る問題点を全体討議で解決する作業を終え，昼食後に目出度く解散となった．その場で修正できない幾つかのQ&Aについては，持ち帰ってもらい，速やかな提出をお願いした．

このような作業を通して本書の骨子が出来上がってきたが，この段階では書名が未だ決まっておらず，「液クロ●の巻」であった．●の部分に何を入れるかについては運営委員会で幾つか提案があった．例えば，前4作が書名に虎，龍，彪，犬と動物を入れていたことを踏襲する考えからは，獅子，猫，馬，鹿，豚（冗談），鶴，亀，鷲，鷹，等々の提案があった．これまで，本シリーズの書名に使用した4種類の動物は，周の太公望の撰と称する兵法書『六韜（リクトウ）』にある文韜・武韜・竜韜・虎韜・豹韜・犬韜の6巻に因んだものであった．ところが，この6巻にはもう書名に使うべき動物が残っていないので，六韜に拘らず自由に動物を選ぶか，それとも六韜路線を継続するかの選択に迫られた．結局は，後者を選ぶことになった．これは，動物名を継続すると「虎の巻」シリーズが際限なく続く可能性が生まれ，そろそろネタ切れに近いと悲鳴をあげている運営委員が少なくないことにも配慮してのことである．そう決断すると，「文の巻」，「武の巻」の何れにするかであるが，今年の世相を考え「液クロ武の巻」に決定した．

今年，多くの国民が驚き，かつ楽しんだのが，所謂小泉劇場の出し物であった．小泉内閣が提出した郵政民営化法案に対して，派閥の領袖も含めて相当数の自民党国会議員が反対ないし棄権し，参議院では政府案が否決される前代未聞の事態が生まれた．小泉首相は直ちに伝家の宝刀を抜き，衆議院を解散した．この辺りから国民の耳目は毎日テレビと新聞の政治ショーに釘付けになった．小選挙区から立候補する造反組の候補者に自民党の公認を与えないばかりか，殆ど全ての造反組候補者に刺客を送った．東京10区の小林興起前議員には小池百合子前環境大臣，静岡7区の城内　実前議員には大蔵官僚出身の片山さつき氏，岐阜1区の野田聖子前議員にはエコノミストの佐藤ゆかり氏など，「くの一刺客」を立てて話題をさらった．これらマドンナ候補に加えて，広島6区の亀井静香氏にはホリエモン（無所属）を差し向けるなど，刺客戦略は厳しさを極めた．追い詰められた造反組は，起死回生の策として国民新党（代表：元衆議院議長綿貫民輔氏），新党日本（代表：田中康夫長野県知事），新党大地（鈴木宗男氏）などの新党を混乱の中に旗揚げした．虚虚実実の激変を目の当たりにして，国民はあたかも戦国時代に身を置いているような感覚に陥り，毎日次の展開を期待して待つようになった．やがて，小泉首相の強い意志と偉大なるイエスマン，武部　勤幹事長のラインで選挙戦を戦った自民党が三分の二の安定多数を確保して圧勝し，造反組と民主党が惨敗する結果に終った．その結果，猪口邦子上智大学教授や井脇ノブ子氏など，比例ブロックから多数の当選者が生まれた．結局，「小泉チルドレン」と後に呼ばれることになった80数名の新人議員が自民党に生まれ，『料亭に行きたい』発言で幹事長からお叱りを受けた杉本太蔵君

も一躍マスコミの人気者になった．長らく国民を楽しませた小泉劇場も，造反組の野呂田芳成議員の除名と平沼赳夫議員，堀内光雄議員，涙の野田聖子議員を含む26名への離党勧告で一段落したかに見えた．しかし，第三次小泉内閣が成立した現在，一見世の中は静かになったかに思えるが，小泉首相は「麻垣康三」（麻生太郎，谷垣禎一，福田康夫，安倍晋三）ないしは「麻垣平三」（麻生太郎，谷垣禎一，竹中平蔵，安倍晋三）と称される次世代にポスト小泉をちらつかせながら改革を競わせている．小泉首相は郵政法案に対する自民党議員の造反は倒閣運動とみなして厳しく処断したが，所詮権力争いに過ぎない．今年繰り広げられた騒動を見て，ある種の寂寥感に襲われる．そこには敗者の涙と思いは埋もれるしかない．勝利のみが正義であり，「勝てば官軍」，「弱肉強食」の世界である．

　ところで，小泉首相はかねがね『改革なくして前進なし』，『郵政民営化法案が国会を通るのは奇跡だ』と言っていたが，これを実現した．小泉首相は自らを変人と言って憚らない現代の改革児であり，織田信長とイメージが重なる．因みに，小泉首相の最近の愛読書は「信長の棺」（加藤　廣著，日本経済新聞社）であるという．確かに，自民党の岐阜県連が野田聖子議員を公認候補に対抗して支持する中，いち早く佐藤ゆかり公認候補の応援に回った松田岩夫参議院議員を選挙後に閣僚に登用するなど，手柄を立てた者に褒美をやり，反対した者を厳しく処罰する勧善懲悪を旗幟鮮明に打ち出すところは，この本の主人公と共通している．政治的動乱とも言うべきこの一年を振り返ったとき，監修者の独断ではあるが，今年を最も的確に表す漢字は「武」であるように思う．そこで，「武」のイメージを織田信長に重ね，本書の顔というべき表紙のイラストをお願いした．信長が現代の飽食時代に生きていたら，きっとこんな風かなというタッチで，やや太目ではあるが凛凛しい姿に仕上げて戴いた．

　さて，いよいよ本書の中味についてである．内容的には前4作とほぼ同じ構成で，「1章　HPLCの基礎と分離」，「2章　検出・解析」，「3章　試料の前処理」，「4章　LC/MS」の4章仕立てで纏めた．末尾に資料編として，関連機器メーカーの最新情報を掲載したことも前3作と同様である．このシリーズもこれで5冊目であり，徐々にではあるが確実にLC/MSに関するＱ＆Ａが増加していることが実感される．これは，液クロの検出器としてMSが普及してきたことを反映している．言わずもがなであるが，高速液体クロマトグラフィーが創始された頃から暫らくの間は吸光度検出器，示差屈折率検出器などの感度が低い検出器を使うしかなかった．その後，蛍光検出器，電気化学検出器，化学発光検出器などの高選択的・高感度検出器が次第に普及してきたが，矢張り究

極の検出器はMSである．昔は高嶺の花であったMSが，大手以外の一般の事業所にも漸く手の届く価格になってきたのは，実務者の作業効率が著しく向上することに加えて分析の信頼性を高める観点からも喜ばしい．

　本書の内容には誤りがないよう，細心の注意を払ったが，時間的な制約から見落としがないとは言えない．正すべき箇所があればご指摘願いたい．幸いなことに，本「虎の巻」シリーズは何れも世の中に広く受け入れられている．運営委員一同，大変嬉しく，また誇らしい限りである．本書「液クロ武の巻」が前4作同様，現場で役立つ手引書として末永く利用されることを願って止まない．

　最後に，本書の出版にご協力戴いた筑波出版会の花山　亘社長，悠朋舎（製作担当）の飯田　努社長，ならびに関係各位の労苦に感謝の意を表する．

　平成17年11月

液体クロマトグラフィー研究懇談会委員長　中　村　　　洋

執筆者一覧

監修：東京理科大学薬学部教授　薬学博士　中　村　　　洋
編集：(社) 日本分析化学会　液体クロマトグラフィー研究懇談会

池ヶ谷　智　博	日本ウォーターズ
石　井　直　恵	日本ミリポア
石　倉　正　之	シグマアルドリッチジャパン
井　上　剛　史	東京化成工業
大河原　正　光	横河アナリティカルシステムズ
大　竹　　　明	ジーエルサイエンス
大　津　善　明	アステラス製薬
岡　橋　美貴子	病態解析研究所
沓　名　　　裕	資生堂
工　藤　　　忍	グラクソ・スミスクライン
黒　木　祥　文	オルガノ
小　池　茂　行	ライオン
澤　田　　　順	日本ウォーターズ
澤　田　　　豊	関東化学
坂　本　美　穂	東京都健康安全研究センター
佐々木　俊　哉	日本ウォーターズ
佐々木　久　郎	関東化学
佐々木　秀　輝	日本ウォーターズ
住　吉　孝　一	日本ダイオネクス

執筆者一覧

清　　晴世	メルク
高　橋　　豊	日本電子
瀧　内　邦　雄	和光純薬工業
長　江　徳　和	クロマニックテクノロジーズ
中　村　立　二	万有製薬
中　村　　洋	東京理科大学薬学部
西　岡　亮　太	住化分析センター
二　村　典　行	城西国際大学薬学部
古　野　正　浩	ジーエルサイエンス
坊之下　雅　夫	日本分光
星　野　忠　夫	病態解析研究所
前　川　保　彦	アプライドバイオシステムズジャパン
松　崎　幸　範	ジャパンエナジー
三　上　博　久	島津製作所
宮　野　　博	味の素
村　上　重　美	日本ダイオネクス
渡　部　悦　幸	島津製作所

(所属は2005年11月現在　五十音順)

あらまし Question 項目

1章 HPLCの基礎と分離　1

1. 生体試料中の薬物濃度分析法のバリデーションは？ ——— 2
2. 「液クロ虎の巻」シリーズを検索しやすいCD-ROMのような形には？ ——— 5
3. 理論段数や分離度，分離係数は何のために算出する？ ——— 6
4. クロマトグラフィー関係の用語を定義したものは？ ——— 8
5. どのような条件下でもt_0を正確に測定できる試料は？ ——— 9
6. ゴーストピークの見分け方と，その原因・対処法は？ ——— 10
7. UV測定で，ネガティブピークがt_0付近に出る原因と対策は？ ——— 11
8. 超高速HPLC分析を行う際の問題点とその解決方法は？ ——— 13
9. ベースラインが安定しない場合のよい方法は？ ——— 15
10. 分析事例がない物質のカラム選択と移動相の設定を行うには？ ——— 16
11. 分離能を改善するには？ ——— 17
12. グラジエント条件でのHPLC分析で，気泡が発生する原因と対策は？ ——— 19
13. 有機溶媒添加後の溶離液のpH調整は値が正確で再現的か？ ——— 21
14. 逆相系シリカベースのカラムではエンドキャップはどんな割合で導入？ ——— 23
15. ポリマー系カラムの利点と欠点は？ ——— 24
16. 分子インプリント法とは？ ——— 25
17. 内面イオン交換カラムとは？ ——— 27
18. 同じODSなのに，なぜ分離能や溶出順序が変わる？ ——— 29
19. 広い表面積のカラムを選択するとなぜよいか？ ——— 30
20. HPLC用のキャピラリーカラムにフューズドシリカが使われている訳は？ ——— 32
21. ミックスモード充塡剤はなぜHPLCに使われていないのか？ ——— 35
22. 超高圧型システムの原理およびメリット，デメリットは？ ——— 36
23. 流速グラジエント法とは？ ——— 39
24. イオン抑制法とイオンペア法の違いと使い分けは？ ——— 41
25. 両性化合物に使うイオン対試薬は？ ——— 44
26. o, m, p-位置異性体分離に最適なカラムは？ ——— 46

viii　あらまし Question 項目

27　逆相 HPLC で THF を溶離液に加えると分離が改善するのは？ ——— 43
28　極性が極端に高いサンプルから低いものまでを一斉分析するコツは？ ——— 49
29　逆相固定相の分析で，移動相による固定相の濡れは必要か？ ——— 50
30　逆相分離用有機溶媒−水系移動相では，有機溶媒の固定相への溶媒和の程度は？ ——— 52
31　逆相 HPLC で中性の移動相では，塩基性化合物がテーリングする理由は？ ——— 54
32　キラル分離で，不斉中心から官能基がどれほど離れると不斉認識しなくなるか？ ——— 55
33　シクロデキストリン充填剤のキラル分離メカニズムは？ ——— 56
34　キラル化合物測定による「光学純度」の算出では，ピーク面積値からの計算は？ ——— 57
35　分離係数はどのくらいあれば良好にキラル分離が可能？ ——— 58
36　充填カラムを用いた超臨界流体クロマトグラフィーに利用できる検出器は？ ——— 59
37　SFC と HPLC で，分離効率の違いはどの程度？ ——— 62

2章　検出・解析　65

38　送液がうまくできない理由と対処法は？ ——— 66
39　インジェクターバルブ/オートサンプラーはμL 以下の正確な注入をどう実現？ ——— 68
40　ハイスループット化をはかる方法は？ ——— 72
41　装置が多過ぎて，電圧が不安定な場合は？ ——— 75
42　HPLC のマイクロチップ化の状況は？ ——— 76
43　マイクロ化/チップ化した HPLC の利点/欠点，技術的課題は？ ——— 78
44　装置内部が汚れたときの適切な洗浄方法は？ ——— 81
45　グラジエント法で，移動相が設定プログラムより遅れて混ざり合う原因は？ ——— 82
46　高温・高圧水を移動相とする HPLC に，用意するシステムは？ ——— 84
47　充填剤粒子系 2μm 以下で高速分離をする HPLC システムの注意点は？ ——— 85
48　ポンプからの液漏れの原因と対処法は？ ——— 86
49　配管チューブの使い分けと，チューブ内径選択の重要性は？ ——— 87
50　キャピラリーカラムを確実に接続できるフィッティングは？ ——— 089
51　パルスドアンペロメトリー検出器の原理は？ ——— 92
52　パルスドアンペロメトリー検出器で何が測れるか？ ——— 95
53　反応試薬を移動相に添加するポストカラム誘導体化法とは？ ——— 99
54　蛍光検出器のセル温調の効果とは？ ——— 101
55　UV-VIS 検出器のセル温調の効果とは？ ——— 102

56　間接検出法の実例は？ ——— 103
57　HPLCで純度を求める際に，波長によって純度が異なるときはどうするか？ ——— 105

3章　試料の前処理　107

58　移動相の溶媒を保管する際の注意点は？ ——— 108
59　HPLC用溶媒とLC/MS用溶媒の基本的な違いは？ ——— 110
60　超純水製造装置を使うより，HPLC用水を購入する方が割安では？ ——— 113
61　分取クロマトグラフィーのランニングコストを安くする方法は？ ——— 115
62　移動相に使う引火性の有機溶媒の取扱い上の注意点は？ ——— 117
63　有害性のある有機溶媒を使う際の規制は？ ——— 119
64　使用済みのカラムの廃棄方法は？ ——— 121
65　固相抽出カートリッジカラムの使用期限は？ ——— 122
66　固相抽出用器材には分析種の非特異的吸着がないか？ ——— 123
67　試料注入前に，フィルターで沪過することの是非は？ ——— 124
68　フィルターで除タンパクすると，未知ピークが出るのはなぜ？ ——— 125
69　キャピラリー用モノリスカラムで多量試料の導入ができるか？ ——— 128
70　生体試料のピークがブロードになったり，テーリングするのはなぜ？ ——— 131
71　ペプチド類をトラップカラムに吸着させるときの最適な移動相は？ ——— 132
72　タンパク質の消化物を高速分析する方法は？ ——— 134
73　アミノ酸分析や有機酸分析に使える誘導体化試薬とは？ ——— 136
74　アミノ酸分析でのプレカラム誘導体化法とポストカラム誘導体化法の使い分けは？ ——— 138

4章　LC/MS　141

75　LC/MSとは？ ——— 142
76　LC部の汚れでLC/MSの感度が低下，どうするか？ ——— 143
77　LC/MS（/MS）で高いスペクトル感度が得られる分析計は？ ——— 146
78　LC/MS/MSで問題になるクロストークとは？ ——— 147
79　高流速でLC/MS（/MS）を使う場合の注意点は？ ——— 149
80　LC/MSの移動相として使われる酢酸やギ酸の特徴は？ ——— 151
81　LC/MSのチューニングとは？ ——— 152
82　LC/MSのキャリブレーションとは？ ——— 153

x　あらまし Question 項目

83　LC/MS ではなぜ分析時間の経過とともに感度が低下する？ ———— 154
84　LC/NMR で ^{13}C や 2 次元の測定ができるか？ ———— 156
85　LC/NMR で通常の HPLC 溶媒は使えるか？ ———— 157
86　LC/NMR は LC/MS に比べてどんなよいところがあるか？ ———— 158
87　LC/MS でイオンペア試薬を使うと極端に感度が落ちる原因は？ ———— 159
88　逆相カラムで保持しない成分を LC/MS で測定する方法は？ ———— 160
89　LC/MS の種類，長所と欠点，それぞれの利用方法とは？ ———— 163
90　マイクロスプリッターを使った LC/MS 分析の注意点は？ ———— 165
91　Nano-LC/MS でよいデータをとるための注意点は？ ———— 167

資料編　171

関東化学株式会社 ———— 172
ジーエルサイエンス株式会社 ———— 173
株式会社島津製作所 ———— 174
東京化成工業株式会社 ———— 175
日本分光株式会社 ———— 176
日本ミリポア株式会社 ———— 177
株式会社日立ハイテクノロジーズ ———— 178
メルク株式会社 ———— 179
横河アナリティカルシステムズ株式会社 ———— 180

索　引　183

1章　HPLCの基礎と分離

Question

1 生体試料中の薬物濃度分析法のバリデーションについて教えてください．

Answer

　生体試料を対象とした分析法のバリデーションに関しては，2001年5月にFDAからガイダンス「Bioanalytical Method Validation」が公表されており，下記のようなものが検討事項にあげられています．

1. 特 異 性（specificity）

　生体試料を対象とした分析法では，生体試料のマトリックスなどと分析対象物質とを識別し，定量できる方法が求められます．そこで，生体試料（血漿，尿およびその他のマトリックス）のブランク試料を用いて，妨害の有無を確認します．このとき，少なくとも異なる6個体から得られたブランク試料を用います．また，定量下限付近で妨害の有無を確認する必要があります．複数の分析対象物質を定量する場合は，各分析対象物質について妨害のないことを確認します．

2. 正 確 さ（accuracy）

　分析によって得られた測定値の平均が，真値にどの程度近いかを示したものが正確さです．正確さは，既知量の分析対象物質を含む試料の繰返し分析によって求められ，1濃度につき$n=5$以上，少なくとも3濃度で検討を行うことが推奨されています．分析で得られた測定値の平均は，定量下限では理論値の±20％以内，それより高濃度では理論値の±15％以内にあることが基準とされています．

3. 精　　度（precision）

　均質な検体から得られた複数の試料を分析したとき，各測定値間の一致の程度のことを精度といいます．精度も正確さと同様，1濃度につき$n=5$以上，少なくとも3濃度で検討を行うことが推奨されています．精度は，定量下限では相対標準偏差（RSD）が20％以内，それより高濃度では15％以内が基準とされています．精度には，短時間の間に同一条件下で測定を実施する併行精度，同一施設内で試験日，試験者，器具，機器などを変えて測定する室内再現精度，異なった施設間で測定を実施する室間再現精度があります．

4. 回 収 率（recovery）

　生体試料のマトリックスに既知量の分析対象物質を添加し，抽出などを行った際に得られる試料の分析対象物質のレスポンスを，標準溶液の分析対象物質のそれと比較したものが回収率です．回収率は100％である必要はありませんが，一定の値が精度よく得られることが重要です．回収率の検討は，低濃度，中濃度，高濃度の3点で実施します．

5. 検 量 線 (calibration/standard curve)

　分析対象物質の濃度と分析機器のレスポンスとの関係を表したものが検量線です．分析対象物質が複数の場合は，分析対象物質ごとに検量線を作成します．また，検量線は，実試料と同じ生体試料のマトリックスに既知量の分析対象物質を添加したもの（標準試料）を用いて，作成します．

① 定量下限 (lower limit of quantification)

　検量線の下限値が定量下限になります．定量下限では，分析対象物質のピーク（レスポンス）が他のピークと分離して確認でき，精度および正確さが20％以下であることが必要です．

② 濃度反応曲線

　濃度反応曲線にはできるだけ簡易なモデルを用い，重み付けをする場合は適切な重み付け関数を選択します．作成した検量線の採用条件としては，標準試料の逆回帰値が理論値の±15％以内（定量下限では±20％以内）にあることが提唱されています．

6. 希釈再現性

　高濃度の分析対象物質を含む試料はブランク試料で希釈します．希釈後の試料の測定について，精度および正確さが15％以下であることが必要です．

7. 安 定 性 (stability)

　安定性（標準溶液の安定性，前処理後の安定性を除く）の検討では，生体試料のマトリックスに既知量の分析対象物質を添加したものを試料として用います．保存後の試料の測定値を理論値と比較して，安定性を評価します．このとき，実試料と異なる生体試料のマトリックスを用いて，実試料での分析対象物質の安定性を推定してはいけません．

① 冷凍/解凍サイクル安定性

　分析対象物質の冷凍/解凍サイクル安定性は，サイクルを3回繰り返すことにより検討を行います．具体的には，低濃度および高濃度の試料（各 $n=3$ 以上）を24時間冷凍保存した後，自然解凍します．完全に解凍したら，再度，同じ条件で12～24時間冷凍保存します．この冷凍/解凍サイクルを2回以上繰り返し，最後のサイクル（例えば，それまでに冷凍/解凍サイクルを2回繰り返した場合，3回目のサイクルにあたる）で分析を行います．

② 短期安定性

　低濃度および高濃度の試料（各 $n=3$ 以上）を，4～24時間室温に置くことで短期安定性を検討します．この際，試料を室温に置く時間は，実際の分析操作に要する時間をもとにして決定します．

③ 長期安定性

　長期安定性は，低濃度および高濃度の試料（各 $n=3$ 以上）を実試料と同じ条件で保存することにより検討を行います．長期安定性を検討する試料の保存期間は，実際に試料を採取してから分析が行われるまでに要する期間，もしくはそれ以上の期間に設定します．長期安定性の検討に用いる試料は，最低でも3時点で分析できる量を準備します．

④ 標準溶液の安定性

標準溶液中の分析対象物質の安定性は，標準溶液を室温に6時間以上置いて評価します．標準溶液を冷蔵もしくは冷凍保存する場合は，想定される保存期間の間，冷蔵もしくは冷凍保存した標準溶液の分析機器レスポンスと，新しく調製した標準溶液のそれとを比較して安定性を検討します．

⑤ 前処理後の安定性

前処理後の安定性では，一連の分析試料（試験試料や検量線用試料など）を分析し終わるまでの時間における，調製済み試料中の分析対象物質の安定性を検討します．

以上が，FDAがガイダンスであげている検討事項のあらましです．必要に応じて投与媒体や代謝物，併用薬により測定値が影響を受けないことを検討しておくとよいでしょう．

Question

2 「液クロ虎の巻」シリーズは大変参考になり，全部持っています。でも冊数が増え，項目を探すのが大変になってきました．**検索しやすいCD-ROMのような形**にはならないのですか．

Answer

　今回の「武の巻」で，本シリーズもお陰様で通巻5巻になります．今後もまだまだ続けていくと委員長は張り切っております．しかし，そろそろQuestionもネタ切れとなりつつあり，最終巻の発行もさほど遠い日ではないでしょう．

　最終巻発行後には，全文検索可能な方式でデジタル版の発行も検討の価値があると思います．しかし，いくつかの技術書がデジタル版を付録，あるいは，書籍購入者に限定して料金を追加することで別途配布しているようです．保存には大変重宝しますが，正直な使い勝手はいま一つです．また，使っているソフトウェアがOSのバージョンアップに十分対応できていくかどうかは心配の種となっています．このため，日常的にはペーパー版を活用し，すり切れると新しい版を購入しているという話もよく聞きます．本書もデジタル版に一本化するのではなく，ペーパー版と併行して供給してゆくようになると思います．問題はコスト高になると思われますが，これに見合うニーズがどの程度あるのだろうかが不安の種です．

Question 3
理論段数や分離度，分離係数は何のために算出するのですか．算出して何の役に立つのですか．

Answer

　これらの数値は，おもに標準物質を用いて測定したクロマトグラムデータから算出しておく数値で，自分の使用しているカラムを含めた HPLC 装置の分離性能を把握するために必要なものといえます．HPLC のようなカラムクロマトグラフィーでは，化学構造の異なる（物理化学的性質の異なる）物質が相互に分離されることが最も重要なことですが，それとともに各成分についてよりシャープなピークが得られることも大切なことです．こうした分離の程度の良し悪しを評価するとき，クロマトグラムを見比べるだけでは判断が難しいと思われますので，この分離の程度を数値で比較できるようにしたのが，これらの概念であるといってよいでしょう．

1．理論段数

　理論段数は，ある物質がカラム（固定相）により強く保持され，なおかつ成分の物質拡散がより抑制された場合に大きな値になります．一般に，HPLC に注入された移動相中の物質は移動相中に存在する時間が長くなればなるほど移動相中で拡散するため，クロマトグラム上のピークはよりブロード（幅広）になる傾向にあるのが一般的です．このピーク拡散を抑制しながら，より強く保持をするカラムが理論段数の高い高性能カラムということができます．このような高性能なカラムの実現には，粒子径が小さく均一な大きさの充塡剤が緊密に充塡されている必要がありますから，理論段数というのは，カラムの基本性能を表す数値といえます．

　ただし，実際には，インジェクターとカラムの間，カラムと検出器の間のそれぞれの接続に不必要な空隙が存在すると，理論段数は小さな値になりますから，使用して間もないカラムが予想よりも著しく低い理論段数を与えるようであれば，カラムの前後の接続の不具合を疑ってみるということも必要になります．

　理論段数は，おもに，カラムメーカーがカラムの基本性能を保証するために使われますが，ユーザー自身が使用しているカラムの劣化状況を把握するためにも，定期的に理論段数を測定，算出することがすすめられます．使用中のカラムで理論段数が低下した場合に，カラムをよく洗浄することでカラム性能が復活するといったことも往々にしてあります．

2．分離度，分離係数

　分離度および分離係数は，ともに複数の成分がいかに分離されるかを表すパラメーターです．したがって，これらの数値は，カラム充塡剤の固定相の溶質成分に対する保持の選択性の指標となる数値ともいえます．分離度および分離係数は，ともに算出するために用いる二つの成分ピークがお互いに離れていれば離れているほど大きな値を示すことになりますが，分離度

の算出にはそれぞれのピークの幅（半値幅や全値幅）がかかわってくることから，理論段数と同じように各成分のカラム外での物質拡散の要因も含まれることになります．カラムクロマトグラフィーで定量実験を行う際に，目的成分が他の成分から十分に分離していることが重要になるため，あらかじめ混在の可能性のある化合物と目的成分との分離度を算出しながら，移動相組成や移動相流速などの分離条件を設定することが必要となります．

一方，分離係数は，このような物質拡散の要素が計算に含まれないことから，純粋に各溶質分子と固定相との相互作用の強さの違い（固定相への選択性）が反映されると考えてよいでしょう．実際，二つの物質のもつGibb'sの自由エネルギーの差（ΔG^0）の値から，その二つの物質の分離の程度を予測することも可能ですし，逆に二つの化合物の分離係数から，それら当該化合物の化学構造の部分構造の違いを予測することも可能です．

Question

4 クロマトグラフィー関係では，同じ言葉が違う意味で使われていることがあります．**日本国内で使われているいろいろの用語**をしっかり定義したものはありますか．

Answer

　クロマトグラフィー関係の用語を定義したものに，JIS K0214：1983「分析化学用語（クロマトグラフィー部門）」があります．このJISは，化学分析におけるクロマトグラフィー部門で用いる用語とその読み方および意味について規定しています．このJISでは，約100個の用語の読み方，意味および対応英語（参考）が一覧表で記載されています．

　例えば，混同しやすい「溶離液」と「溶出液」は，溶離液："カラムを通って試料成分を展開溶出させる溶液"，溶出液："カラムクロマトグラフィー及び高速液体クロマトグラフィーにおいて，カラムから流出した液"とわかりやすく解説されています．しかし，このJISは1983年に制定されているため，今日では広く用いられている「キャピラリーカラム」は「毛管カラム」と定義されており，用語によっては多少古さを感じさせる部分もあります．そのため，(社)日本分析化学会は2004年度の事業としてその見直しを行い，改正原案を経済産業省に提出して審査結果を待っている状態です．

　そのほかに，JIS K 0124：2002「高速液体クロマトグラフィー通則」があります．前述のJIS（分析化学用語（クロマトグラフィー部門））では「こう配溶離」と定義していますが，このJIS（高速液体クロマトグラフィー通則）では「グラジエント溶離（Gradient elution）」と定義しています．高速液体クロマトグラフィー分析通則は，制定が2002年と新しいので，時代的に妥当な用語が定義されています．

　このほかに，JIS K0127：2001「イオンクロマトグラフ分析通則」があります．これらを一読し，"クロマトグラフィー用語"を正しく理解し，使用する必要があります．

Question

5 カラムの t_0 の測定にウラシルが使われていますが，充填剤の極性が高い場合，例えば，C4などの場合，弱く保持されてしまいます．また，溶離液の極性が高い場合にも同様に保持されてしまいます．**どのような条件下でも t_0 を正確に測定できる試料**を教えてください．

Answer

　残念ながら，どのような条件下でも t_0 を正確に測定できる試料はありません．あえていうのであれば，適当な濃度の硝酸ナトリウムや亜硝酸ナトリウム水溶液をおすすめします．硝酸イオンや亜硝酸イオンはウラシルよりも極性が高く，t_0 測定用の試料に向いています．ただし，これらのイオンもエンドキャップをしていない充填剤にはイオン反発によりわずかに小さ目の t_0 となる可能性があります．また，最近の逆相充填剤の中には，塩基性化合物のピーク形状は極めてシャープで対称的ですが，ギ酸のピークがテーリングするようなものもあります．このような充填剤は無機アニオンとの相互作用により，わずかに大きめの t_0 を与える可能性もあります．

Question

6 ゴーストピークの見分け方と，その原因・対処法を教えてください．

Answer

ゴーストピークとは，クロマトグラムに出現する出所が不明で，予想外のピークのことをさします．

ゴーストピークの出現はピークの面積計算時に多大な影響を与え，また原因によってはカラム・機器にも影響を及ぼし，後々のメンテナンスに手間がかかるため，ゴーストピークが出現しないように注意することが大切です．

原因はさまざまで，以下のようなことがあげられます．

① 試料中の不純物
② 溶離液中の不純物
③ 溶離液の溶存酸素
④ 測定機器の汚れ
⑤ 前の試料のキャリーオーバー

①が原因の場合は，標準試料を分析して，クロマトグラムの結果が正常であれば，試料中の不純物が原因と考えられます．その場合は，試料の安定性の確認，試料の調製をする必要があります．

②が原因の場合は，溶離液を再調製する必要があります．

③〜⑤が原因の場合，試料溶媒だけを注入してもピークが検出されます．③の場合は溶離液を脱気，④の場合は流路の洗浄，⑤の場合はサンプラーとカラムの洗浄で，それぞれゴーストピークは除去されるでしょう．

LC/MS の場合，①〜⑤以外に配管系から溶出してカラムに蓄積された物質や，充塡剤自体からの溶出物が不規則に流出してゴーストピークが出現することがあります．その場合は，カラムを変えてみると解決されることがあります．

以上のように，ゴーストピークの原因・対処法はさまざまですが，いずれの原因にしろ，日日のメンテナンス，測定前の機器・使用する溶離液・試料を注意深く点検し，その分析に合った溶離液（試薬）を用いることにより，ゴーストピークの出現をなくすことができます．

Question 7

UV 測定においてネガティブピークが，t_0 付近に出る のは溶離液と試料溶解液の組成が異なるときに起きますが，試料が溶出した後に出現する場合があります．特に，イオンペア試薬を用いた分析でよく見られます．原因と対策を教えてください．

Answer

逆相クロマトグラフィーにおいて移動相に溶解する成分は，どのようなものも保持すると考えるべきです．「液クロ虎の巻」の"Q9 クロマトグラム上に現れる負のピークの原因と対策は？"で述べられているように，メタノール/水移動相においてメタノールすら保持し，負のピークとして観察されます．また，参考文献として示されていた Eli Grushka らの論文は，緩衝液として用いられる塩，イオンペア試薬なども保持し，正または負のピークとしてクロマトグラム上に現れると述べています．これらの保持をしている成分は 90％以上水を含む移動相ではある程度の保持を示すものの，有機溶媒が 10％以上（水が 90％以下）の移動相では保持したとしても，その保持が非常に小さいため，ほとんどの場合 t_0 付近に溶出します．

連続して試料を注入した場合のクロマトグラムとして，図 1 を示します．

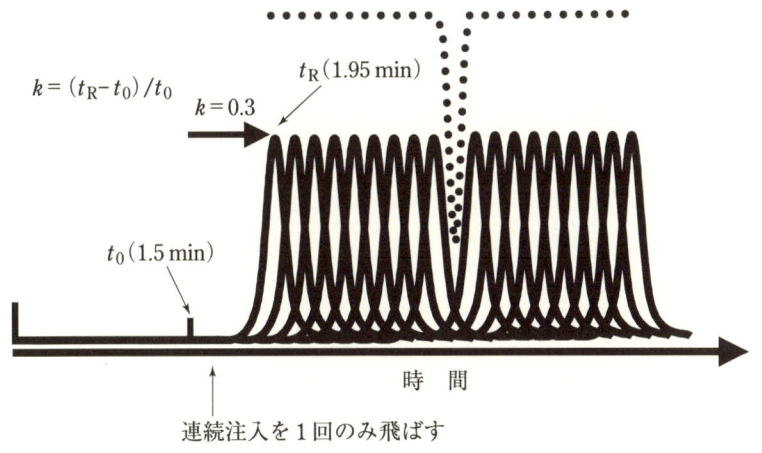

図 1 連続して試料を注入した場合のクロマトグラム

メタノール/水移動相を C18 カラムに通液している状態で，試料として水を注入した場合に得られる負のピークの溶出時間がメタノールの溶出時間である理由を，以下に説明します．

1％メタノール/99％水移動相を用いて，水 100％でも使用可能な C18 カラムでメタノール自身の保持係数（k）を求める場合について考えていきます．まず，1.1％メタノール/98.9％水を 1 μL 注入し，RI（示差屈折率）検出器で正のピークを検出します．ここで t_0 を亜硝酸ナトリウムの溶出時間とすると，メタノールの保持係数は $k=0.3$ と測定され，この保持係数が

0.3である意味は t_0 が1.5分であれば，メタノールの溶出時間は1.95分であることになります．次に，この1.1%濃度のメタノール溶液を試料として連続で注入したとすると，図1のように連続してメタノールのピークが出現します．この連続注入は1.1%メタノール/98.9%メタノール移動相を通液している状態と同じになります．厳密にいうと，メタノール濃度が0.1%増えた状態では，メタノールの保持も若干減ると考えられます．この状態で，あるとき1回のみ試料注入しないと，その1インジェクション分の間は移動相である1%メタノール/99%水が流れます．つまり，1.1%メタノール/98.9%水移動相を通液している状態で，1%メタノール/99%水試料を1 μL注入した場合と同じになります．

このように移動相のメタノール濃度より低いメタノール/水溶液を注入すると，図1の点線のように負のピークとして観測されます．負のピークの前後のメタノールピークはそれぞれ0.3の保持係数を示しているので，1%メタノール/99%水試料を注入してから負のピークが溶出する時間は保持係数0.3と等しくなります．メタノールの濃度が低くなるにつれ，負のピークは大きくなり，最終的に水100%を試料として注入した場合にも，その移動相条件でのメタノールの溶出位置に負のピークが出現します．これは決して水の溶出位置に出る水のピークではなく，メタノール濃度が低いという意味をもつメタノールの溶出ピークです．

UV測定においても，水よりメタノールの方がより強く吸収するのであれば，RI検出器と同じように負のピークが出現します．移動相中の塩としてよく用いられるリン酸塩も保持は非常に小さいですが，上記と同様なことが起こります．イオンペア試薬に関しては，その構造上疎水部は逆相固定相にかなり強く保持し，ときには分析対象成分より大きな保持を示します．移動相に含まれるイオンペア試薬の濃度と異なった濃度のイオンペア試薬を含む試料溶液を注入すれば，イオンペア試薬の溶出時間にイオンペア試薬が少ないまたは多いという意味のピークが出現します．これらのピークはUV吸収が移動相に比べ強ければ正のピークとして，弱ければ負のピークとして検出されます．

以上述べてきたように，移動相組成にかかわる正または負のピークはそれぞれ意味のあるピークであり，分離しようとする試料成分以外の試料溶液成分が移動相組成と異なる場合は必ず出現します．したがって，これらのピークを出現させない唯一の対策は移動相に試料を溶解することです．

Question

8 超高速HPLC分析を行う際の問題点とその解決方法を教えてください．

Answer

HPLCによる分析時間の短縮法としては，
① カラムの長さを短くする
② 流速を上げる
③ カラム温度を上げる

などが，考えられます．単純にカラムの長さだけを短くしたのでは，分離が悪くなります．そこで，同じ分離が得られるようにするためには，粒子径の小さい充填剤を使用することによって分離を損なわずにカラム長さを短くすることが可能となります．例えば，現在5 μmの粒子径のカラムを使用しているのであれば，3.5 μmや，もっと小さい1.8 μmのものを使用することで，流速を上げても，図1のファンディームターの曲線のように分離を損なわずにカラムの長さを短くできます．ただし，粒子径が小さくなることで背圧が大きくなるため，圧損の小さい充填剤を選択することが重要となります．

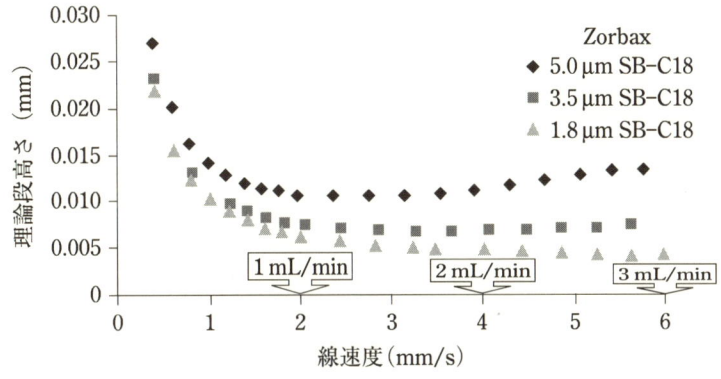

図1 ファンディームターの曲線

短いカラムを使用すると，ピークの容量（ピークボリューム）も小さくなるので，システム内のデッドボリュームの影響が大きいと分離が悪化してしまいます．このため，システム内のデッドボリュームを最小化するために接続配管の内径を細くしたり，分析時の分離と感度を両立するため，フローセルの光路長と容量のバランスのとれたものを使用することが重要です．

最後の問題点ですが，短いカラムで高速分析を行った場合，図2のように，サンプリングレートが遅いと真のデータが得られません．既存のシステムを最適化することは可能ですが，この問題点を解決しなければ，超高速LC分析（Ultra-fast LC）を真に実行することができま

せん．例えば，今までの20ヘルツの場合と，高速サンプリングレート80ヘルツの場合を比較すると，20ヘルツでとったクロマトピークは，ピーク幅（PW）で40％広く，カラム効率は70％も減少してしまうので，カラム性能を生かすことができませんでした．現在では，80ヘルツのサンプリングレートでデータ採取可能なダイオードアレイ検出器が市販されており，これを利用することで，このようなUltra-fast LC分析に対応できシャープなピークに対応することができます（図2）．

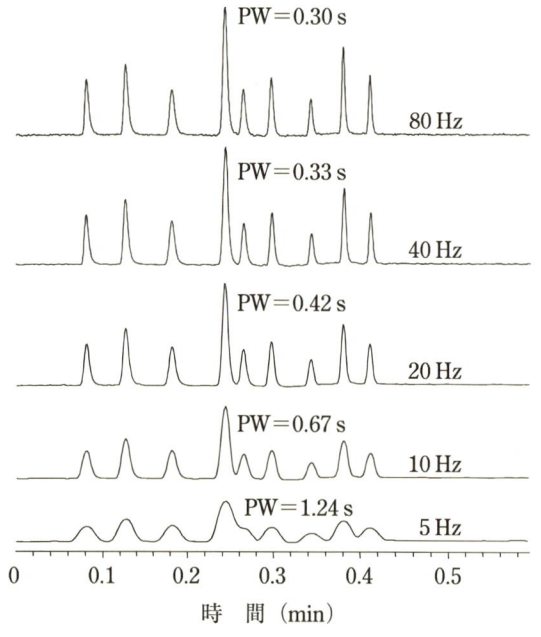

- サンプル：Phenone Test Mix
- カラム：Zorbax SB-C18, 1.8 μm（4.6 mm i.d.×30 mm）
- グラジエント：50〜100％アセトニトリル/0.3 min
- フローセル：5 uL

図2　検出器のサンプリングレートの違いによるピーク

Question 9

緩衝液や酸を添加した溶離液でベースラインが安定しづらい場合があり，時間がかかります．何かよい方法はありますか．

Answer

　原因の一つとして，カラムの保管溶媒の影響による場合があります．通常逆相系のカラムは，有機溶媒濃度の高い溶離液で保管されています．その状態のカラムに有機溶媒濃度の低い緩衝液（または，酸を添加した溶離液）を流したときに起こることがあります．この場合，緩衝液の前に目的とする溶離液組成の有機溶媒/水系にて溶離液をカラムが安定するまで流してから，緩衝液を流すと改善されます．カラム保管溶媒と使用する溶離液の有機溶媒含量に大きな差があるときは，いきなり置換せず，中間濃度の有機溶媒/水系の溶離液を流してから行うことをおすすめいたします．

（例）
　アセトニトリル/水＝75/25（カラム保管溶媒）→ アセトニトリル/水＝25/75（使用したい組成の有機溶媒/水系）→ アセトニトリル/緩衝液＝25/75（使用したい有機溶媒/緩衝液）

　また，長期間使用しないで保管していたカラムを使用するときは，カラム両端の充填剤が乾燥している場合がありますので，一度，保管溶媒と同じ溶離液か有機溶媒含量の高い溶離液を流してから置換を行ってください．

　もう一つの原因として，溶離液中の緩衝液（または，酸）の濃度が低い場合があります．この場合は，有機溶媒の含有量は同じで，5～10倍程度濃度の濃い緩衝液を用いた溶離液を流してから，使用する溶離液に置換すると，カラム平衡化時間が短縮されます．

（例）
〈分析条件〉
カラム：逆相系ODSカラム（4.6 mm i.d.×150 mm）
溶離液：アセトニトリル/20 mM リン酸溶液＝5/95
カラム温度：40℃
流速：1.0 mL/min

　上記条件にて平衡化を行った場合，安定するまでに約100分かかります．一方，先にリン酸濃度の5倍濃い溶離液（アセトニトリル/100 mM リン酸溶液＝5/95）を約20 mL 流した後，同条件で平衡化したところ，約30分でベースラインが安定し平衡化に要する時間が半減されます．

Question

10 初心者です．測定したい物質があるのですが，メーカー各社に問い合わせても分析事例がないといわれました．この場合，**カラムの選択と移動相の設定**はどうやって行ったらいいでしょうか．

Answer

まず，ターゲット化合物の化学的特性をサーチしてください．下記に，逆相分析におけるメソッド設定上の注意点の一例をご紹介します．さらにくわしい情報をお知りになりたい場合は，各メーカーが開催しているカラム選択についてのインハウスセミナーに参加することをおすすめします．

1．イオン性と pK_a

イオン性化合物の場合，移動相の pH によって保持時間は変動します．これは pH によって化合物の解離状態が変化するためです．まず，ターゲット化合物の pK_a を確認する必要があります．ターゲット化合物を十分に解離または非解離状態にすることで安定的な分析が可能となるので，pK_a±2 以上離れた移動相 pH で分析することを推奨します．

2．疎水性（極性）

カラムごとに疎水性の保持力が異なるため，移動相条件・流速・カラムサイズを一定にした場合，最適な保持時間を得るには化合物の疎水性に応じて適切なカラム選択を行うことが重要です．極性化合物の場合，バッファー組成がリッチな移動相を使用しても十分な保持が得られないことがあります．近年，各社より極性化合物を十分に保持できる逆相カラムが上市されていますので，極性化合物の分析にはこれらのカラムを推奨します．

3．配 位 性

シリカ系パーティクルには金属不純物が残存するため，配位性化合物はシリカ中の金属と錯体形成することでテーリングや吸着が生じます．金属不純物残存量はカラムごとに異なるため，配位性化合物の分析には金属不純物の少ないカラム選択が重要です．

4．構 造

立体化合物や分岐型化合物の場合，官能基の結合方法や官能基のタイプによって溶出パターンが異なることがあります．これは官能基の構造認識能によるためです．トリファンクション結合官能基タイプのパーティクルや極性基内包型パーティクルには，構造認識能があります．立体化合物や分岐型化合物を分析する際に溶出パターンを変更したい場合には，これらのカラムを推奨します．

Question

11 分離能を改善するにはどうしたらよいですか．

Answer

分離能（Resolution：R_s）は次の式で，三つのパラメーターによって示されます．よって，分離能を改善するには理論段数（N），保持係数（k），選択性（α）のいずれかを大きくする方法をとります．

$$R_s = \frac{\sqrt{N}}{4} \times \left(\frac{k}{k+1}\right)\left(\frac{\alpha-1}{\alpha}\right)$$

図1に，各パラメーターの分離能に及ぼす影響を示します．この図は$N=5\,000$, $k=5$, $\alpha=1.05$を固定値とし，各パラメーターの中で一つだけ変化させた場合を示しています．この図より，選択性（α）を変えることが最も分離能を改善するよりよい方法であることがわかります．実際のクロマトグラム上の変化を，図2に示します．

具体的には，次のようになります．

・理論段数（N）を大きくする
　① カラム長さを長くする（例，15 cm ⇒ 25 cm）．
　② カラム充填剤の粒子径を小さくする（例，5 μm ⇒ 3 μm）．

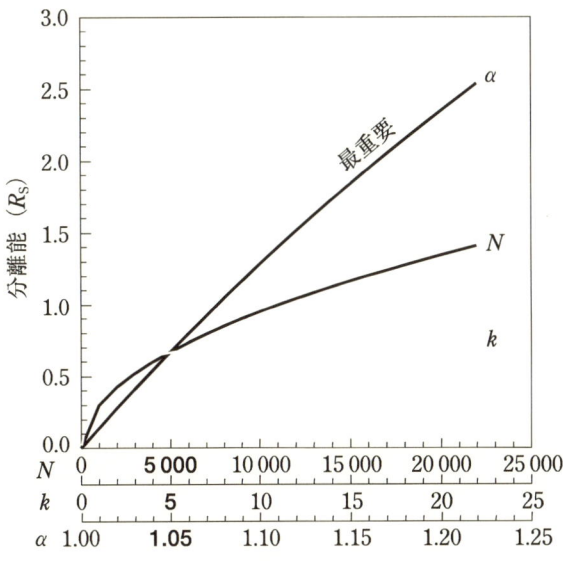

図1　分離能（R_s）と理論段数（N），保持係数（k），選択性（α）の関係

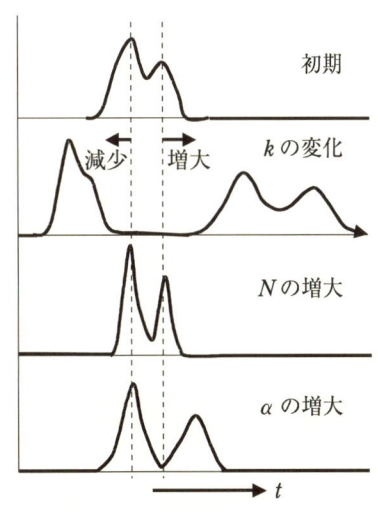

図2　分離能（R_s）と理論段数（N），保持係数（k），選択性（α）の関係

③ N の高いカラムに変える（カラムの種類を変える）．
・保持係数（k）を大きくする（逆相分離において）
　① 固定相のカーボン含有量を上げる．
　② 固定相のアルキル鎖長の長さを変える（C8 カラム ⇒ C18 カラム）．
　③ 移動相の極性を上げる（有機溶媒濃度を下げる）．
・選択性（α）を変える（逆相分離において）
　① 固定相を変える（C18 カラム ⇒ 極性基導入型カラム）．
　② 移動相溶媒を変更する（緩衝液を加える．pH を変えるなど）．

　移動相条件の選択などのメソッド開発は研究者の経験則に基づいて行われますが，ここでは経験則以外のカラムの選択方法について示します．逆相 HPLC においては，次のことが重要です．まず，はじめから選択性を重視したのでは，基準となるクロマトグラムを得ることはできません．具体的な逆相 HPLC カラムの選択方法を，表 1 に示します．第一選択としてはオーソドックスな C18 カラム（最もシンプルな物がベスト）を用意すること，第二選択として選択性を変える極性基導入型カラムを用意することをおすすめします．

表 1　逆相 HPLC カラムの選択方法

第一選択：シリカゲル基材の C18 カラム
① 強い疎水性保持カラム（カーボン含有量が高く，表面積の広いカラム）
② 確かなエンドキャップの施されたカラム（トリメチルシラン剤が結合されたカラム）
③ モノメリックカラム
④ 高理論段数のカラム
第二選択：シリカゲル基材，極性基導入型モノメリックカラム
① 上記 4 項目を満たすこと
② 選択性を変えること（ただし，複雑な分離モードをとらないカラムであること）
③ C18 カラムと使用方法が同じであること
④ バランスのよい分離であること

Question 12

水とメタノールを混ぜてグラジエント条件でHPLC分析をやろうとしたら，気泡が発生してできませんでした．どうして気泡が発生するのですか？ そして，その対策は？

Answer

　水，メタノールおよび水/メタノール混合溶液では，一定体積に溶解する空気の量が違います．メタノールは水や水/メタノール混合溶液に比べて多量の空気を溶解させることができるため，グラジエントで水とメタノールから水/メタノール混合溶液が生成した際に，多量の空気が行き場を失い，気泡となって発生するのです．

　さらに，異なる溶媒を混合すると気体の溶解量は単純溶媒の溶解量の和に比べて小さくなることも，気泡が生じる原因の一つです．図1は，水/エタノール混合溶液における酸素の溶解度の変化を示しています．単純に気体の溶解量が単純溶媒の溶解量の和であれば，点線（A-C-B）のような溶解度を示しますが，実際には，実線（A-D-C）のような溶解度を示します．そのため，例えば，水とエタノールを同量混合した際には，C点に相当するO_2が溶液に存在し得るわけですが，この混合溶液の飽和溶解量はD点しかないため，C→D相当のO_2が気泡として発生することになります．同じような現象は水/メタノールでも見られます．

　対策としては，以下のものがあげられます．

　① オンラインの脱気装置を取り付けるか，またはヘリウムガスによる脱気方法を用いると，多くの場合，問題が解決します．

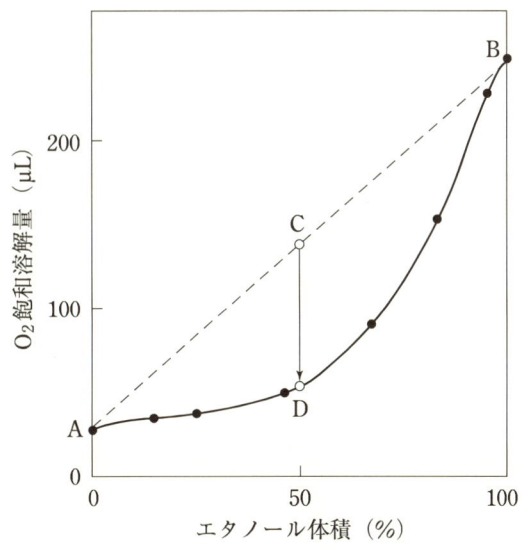

図1　水/エタノール混合溶液1mLに対するO_2の溶解量（分圧1atm，25℃）
［島津製作所，LCtalk Special Issue V］

② 水とメタノールを脱気してから移動相として使います．

③ グラジエント条件のメタノール濃度の最大と最小がおおむね決まってきたら，100％のメタノールと100％の水を使うことを避けてください．例えば，メタノール/水（5：95, v/v）と，メタノール/水（95：5, v/v）を使うと，これらが混合した場合でも気泡の発生は最小限ですみます．

なお，移動相の脱気方法については，「液クロ虎の巻」Q38 にも述べられていますので，ご参照ください．

Question

13 このごろ，溶離液の調製手順で有機溶媒を加えた後にpHを調製するのを見かけますが，値は正確なのでしょうか，また，再現性の点についてはどうなのでしょうか．

Answer

25 mMリン酸溶液に水酸化カリウムを添加し，pHを調整した溶液に有機溶媒を添加した場合のpHの変化を，図1のグラフに示します．

有機溶媒の含量が上がるにつれて，pH値が上昇します．また，変化する値は，有機溶媒の種類によって異なることがわかります．

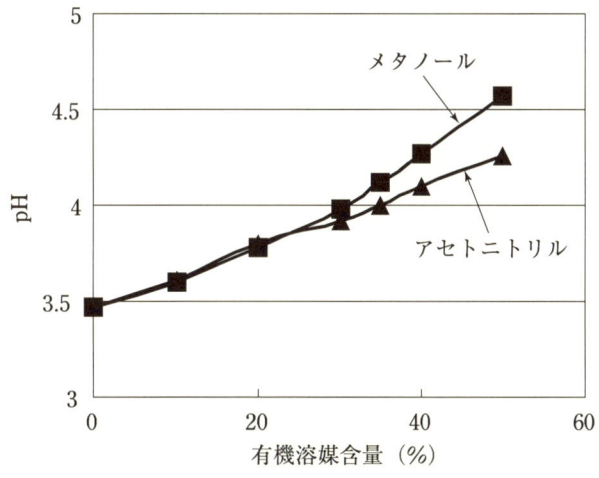

図1　有機溶媒含量とpHの関係

調整方法の違いによって，分離にどのように影響するか確認しました．
〈分析条件〉
カラム：逆相系ODSカラム　5 μm（4.6 mm i.d.×150 mm）
溶離液：下記に示します．
流　速：1.0 mL/min
温　度：40℃
試　料：アシュラム，トリクロピル，チウラム，メコプロップ，フラザスルフロン，シデュロン，シデュロン異性体，ハロスルフロンメチル，アゾキシストロピン　各10 mg/L
注入量 10 μL
　① 25 mMリン酸緩衝液(pH 3.3)/アセトニトリル＝65/35
　　調製方法：緩衝液のpHを調製した後，有機溶媒と混合

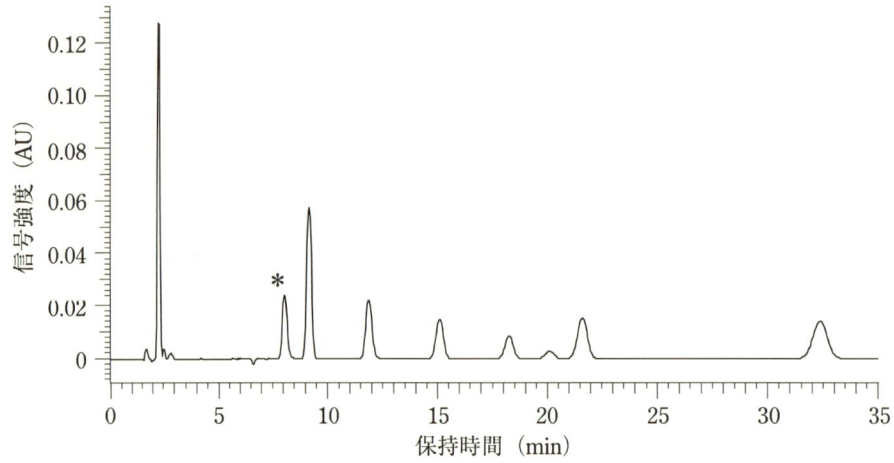

図2 pH調整後に有機溶媒と混合した場合のクロマトグラム

② 25 mM リン酸緩衝液/アセトニトリル＝65/35(pH 3.3)
調製方法：有機溶媒と混合した後，pH を調製

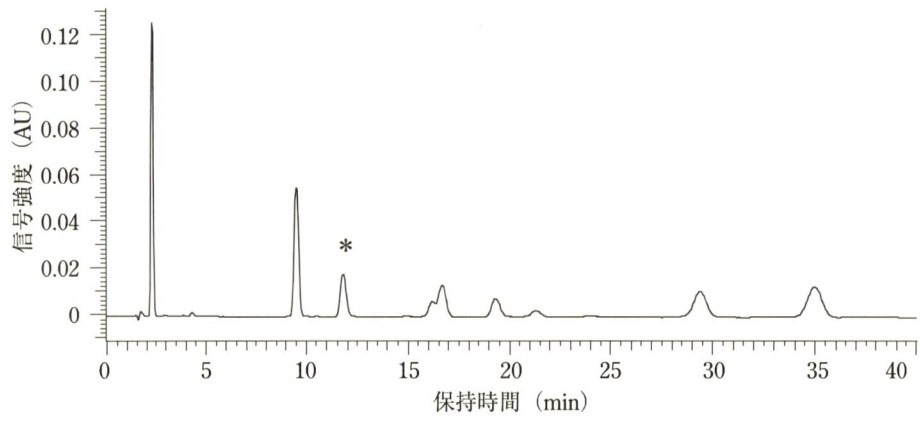

図3 有機溶媒と混合後に pH を調整した場合のクロマトグラム

　トリクロピル（＊印）の溶出が大きく変化し，全体的に溶出時間が若干遅くなり分離に影響することがわかります．

　基本的に pH メーターは水溶液の pH を測定する目的でつくられているため，有機溶媒を添加した状態では，正確な pH を示しているとはいえず，また再現性をとるのは難しいと考えます．したがって，緩衝液と混合するときは pH 調製を行った後，有機溶媒を混合する方がよいでしょう．

Question 14

逆相系シリカベースのカラムにおいてエンドキャップは限界があると聞いております．どの程度の割合で，導入されているのでしょうか？ エンドキャップとしてトリメチルシリル基やポリマーコーティングなどが知られておりますが，他の基を導入することは難しいのでしょうか．

Answer

　逆相分析に使用されている多孔性シリカパーティクルの場合，パーティクル表面の立体障害によって残存シラノール基を100％エンドキャッピングすることは困難です．完全にヒドロキシ化されたシリカパーティクルは，シラノール基の表面濃度は約8 $\mu mol/m^2$ になります．

　官能基によっても異なりますが，シリカパーティクル表面に修飾できる官能基密度は4 $\mu mol/m^2$ [1] が限界とされています．エンドキャッピング試薬としてトリメチルクロロシラン (TMS) やヘキサメチルジシラザン (HMDS) が一般的ですが，近年，クロマトメーカー各社はエンドキャッピング率を高めるために，独自の試薬を使用することが多くなってきています．

　エンドキャッピング以外の残存シラノール基の封鎖法としては，シリカパーティクルのシリコーンコーティング技術やシラノール基を削減できるハイブリットパーティクルテクノロジー[2] があります．耐アルカリ性を高める最近のトピックスとしては，エチレン架橋型シリカパーティクル[3] が開発されています．

---

1) Chromatography Columns and Supplies Catalog, **2004-2005**； p 100, 720000533 EN
2) Waters XTerra® Columns Brochure, **2004**；a pdf copy is available for download at http://www.waters.com/infocenter enter keyword 20000424 EN
3) A Review of Waters Hybrid Particle Technology. Part 2. Ethlene-Bridged [BEH Technology™] Hybrids and Their Use in Liquid Chromatography, **2005**；a pdf copy is available for download at http:/www.waters.com/infocenter enter keyword 720001159 EN

Question 15

ポリマー系カラムの利点と欠点 を教えてください．一般的にポリマーカラムはシリカ系カラムよりpH安定性が高いといわれていますが，ポリマーカラムに匹敵するpH安定性を誇るシリカ系カラムが開発される可能性はありますか．

Answer

ポリマー系カラムの利点は，シリカ系カラムに比較して高いpH安定性と残存シラノール基や金属不純物などによる活性がないことです．しかし，シリカ系カラムに比較して物理的強度，カラム効率に劣るため，逆相カラムとして汎用的に普及する可能性は低いと思います．近年，各社からポリマーパーティクルに匹敵する耐久性と非活性のシリカ系パーティクルが開発されています．今回，両方のパーティクルの利点を取り入れ，従来のアルカリ耐性シリカ系パーティクルに比較して，劇的にpH耐久性が向上したエチレン架橋型シリカパーティクル[1,2]をご紹介します．

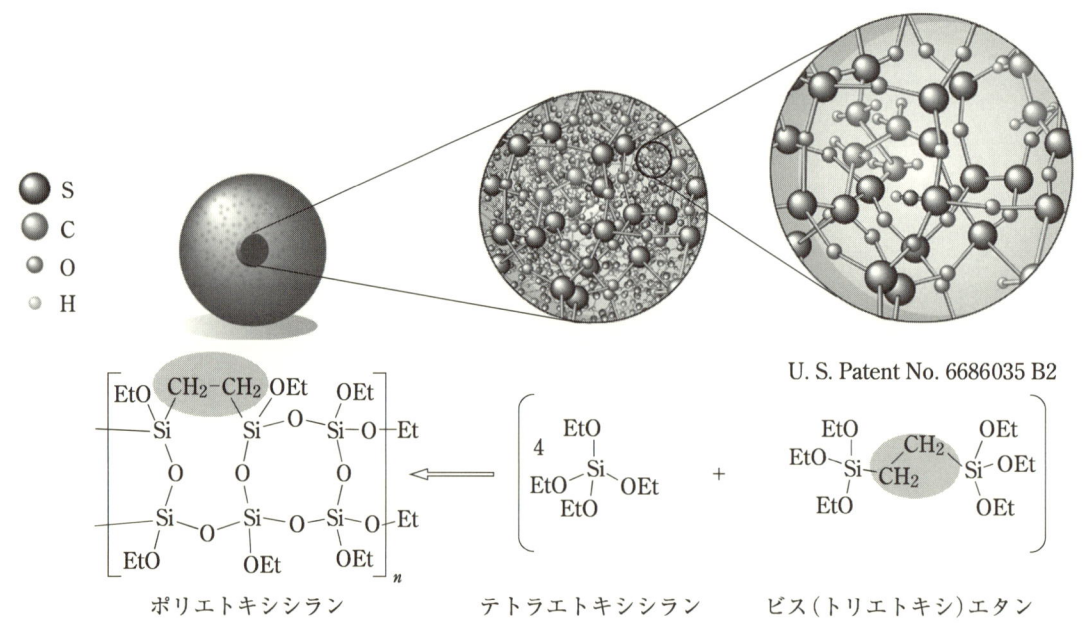

エチレン架橋されたシリカパーティクルは，従来のシリカパーティクルに比較して高いpH安定性を示します．

図1　エチレン架橋型シリカパーティクル構造と合成方法

1) A Review of Waters Hybrid Particle Technology. Part 2. Ethylene-Bridged [BEH Technology™] Hybrids and Their Use in Liquid Chromatography, **2005**; a pdf copy is available for download at http://www.waters.com/infocenter enter keyword 720001159 EN
2) XBridge™ HPLC Columns Brochure; a pdf copy is available for download at http://www.waters.com/ infocenter enter keyword XBridge or 720001255 EN

Question

16 分子インプリント法とは，どのようなものですか．

Answer

　分子インプリント法とは，目的化合物の分子形状を認識して選択的に保持あるいは吸着する高分子媒体を作製する方法です．この分子インプリント法により作製された高分子媒体は，「インプリントポリマー」あるいは MIP（Molecularly Imprinted Polymer）とよばれます．

　図1にインプリントポリマー作製法の概要を示します．通常，単に鋳型で「型抜き」をしたポリマーを MIP とよぶのではなく，鋳型分子，すなわち吸着する目的分子の特異的な部位と相互作用する機能性モノマーを MIP 内に配置することで，より大きな選択性が得られるようにする概念を，分子インプリント法とよぶとされています．つまり，「ホスト–ゲスト」の相互作用と分子の形状認識の相乗効果で選択性を向上させるという考え方です．機能性モノマー（ホストモノマー）と対象分子との相互作用は水素結合や，あるいはイオン性の結合などを利用します．一般的に，機能性モノマーは MIP 中に固定されますが，鋳型分子との相互作用は可逆的で，MIP 作製後洗浄などで鋳型分子を除去することが可能です．残された空間（キャビティー）には鋳型分子の形状を認識し得る立体的特徴と機能性モノマーを介した化学的相互作用の発現能を備えることになります．

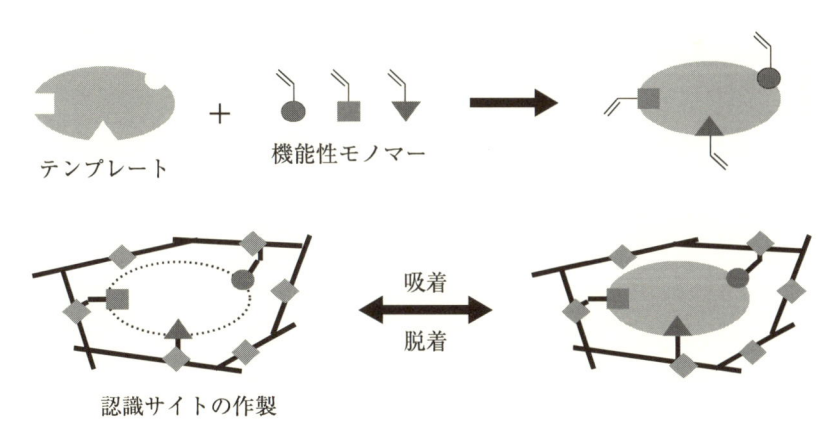

図1　インプリントポリマー作製法の概要
［島津製作所，LCtalk Vol. 58］

　しかしながら，HPLC をはじめとする定量分析用の固定相，あるいは前処理基材とした MIP を用いる場合，微量分析のレベルになると鋳型分子を完全に洗浄除去しきれず，定常的な残存鋳型分子の MIP からの漏出が目的成分の正確な定量を阻害することがあります．この問題点の解決のため，形は目的成分と似ているものの，HPLC による分離過程で目的成分と分離

可能な「擬似鋳型分子」を用いた MIP の作製が考えられます．極微量の目的成分を選択的に濃縮する場合などは，擬似鋳型分子を用いなければ MIP の特徴を生かすことはできなくなります．

例えば，ビスフェノール A 用の吸着剤として，ビスフェノールと形状がよく似た「4,4′-メチレンビスフェノール」を擬似鋳型分子に用いた MIP 似鋳型分子の採用により，MIP は HPLC 分析における微量成分の大量濃縮に適応できるようになりました[1]．

今後，分子インプリント法は HPLC 関連においても，分離用の固定相として，あるいは前処理用の抽出媒体として研究が盛んになっていくものと考えられます．

---

1) Y. Watabe, K. Hosoya, N. Tanaka, T. Kubo, T. Kondo, M. Morita, *J. Chromatogr. A*, **1073**, 363 (2005).

Question

17　内面イオン交換カラムとは，どのようなものですか．

Answer

　生体試料などの前処理カラムとしての浸透制限充填剤（Restricted Access Media：RAM）や内面逆相カラム（Internal Surface Reversed-phase Column）については，「液クロ虎の巻」Q38,「液クロ犬の巻」Q65 で取り上げられていますが，内面イオン交換カラムは最近用いられるようになってきた同種類のカラムです．

　浸透制限充填剤は，サイズ排除クロマトグラフィーにより，タンパク質のような高分子化合物が充填剤内部に浸透することを抑えた充填剤で，このような充填剤を用いたカラムにおいては，タンパク質は速やかにカラムから溶出される一方で，低分子化合物は充填剤内部に浸透し，固定相との相互作用により保持されます．したがって，血清や血漿のような生体試料を除タンパク処理することなく，このカラムに注入することが可能であり，カラムスイッチング法との組合せにより，これら生体試料分析用自動前処理 HPLC システムが構築できます．

　また，内面逆相カラムは，外表面に親水性基，内表面にオクタデシル基のような疎水性基を導入した「浸透制限充填剤」が充填されたカラムで，この種のカラムでは広く用いられています．この内面逆相カラムを用いますと，疎水的にトラップ可能な成分は自動前処理が可能となりますが，親水性が高い成分は十分保持ができず，よい結果が得られないことがあります．このような場合，目的成分が酸性基あるいは塩基性基を有していれば，内面の固定相として疎水性基の代わりに陰イオン交換基あるいは陽イオン交換基を導入することにより，目的成分をイオン交換的にトラップすることができます．これが内面イオン交換カラムで，内面陰イオン交換カラム、内面陽イオン交換カラムが市販されるようになりました．

　図1は内面陽イオン交換カラムの一例で，全多孔性シリカゲルの外表面に親水性ポリマー

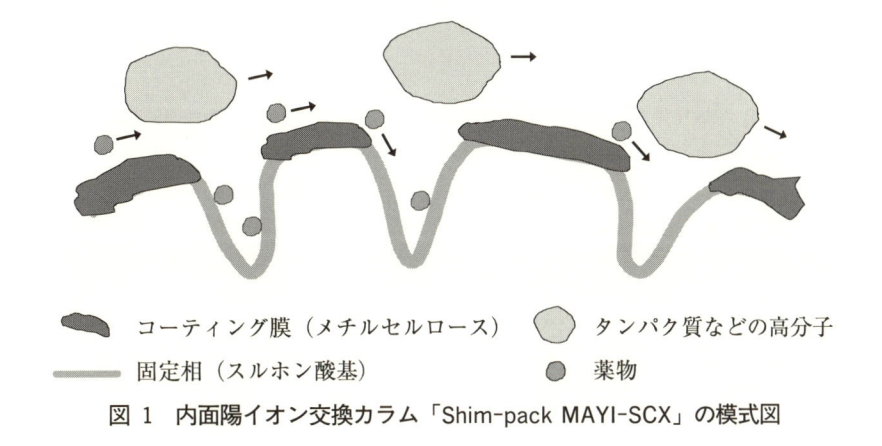

　　コーティング膜（メチルセルロース）　　　タンパク質などの高分子
　　固定相（スルホン酸基）　　　薬物

図 1　内面陽イオン交換カラム「Shim-pack MAYI-SCX」の模式図

(メチルセルロース)をコーティングし,内表面には固定相としてスルホン酸基を化学結合させた浸透制限充填剤が充填されています.

図2は,内面陽イオン交換カラムを前処理カラムとして用いた自動前処理HPLCシステムによるアテノロール添加血漿の分析例です.血漿を前処理カラムに直接注入することにより,除タンパクおよびアテノロールのトラップを行い,カラムスイッチングにより逆相カラムで分析を行っています.

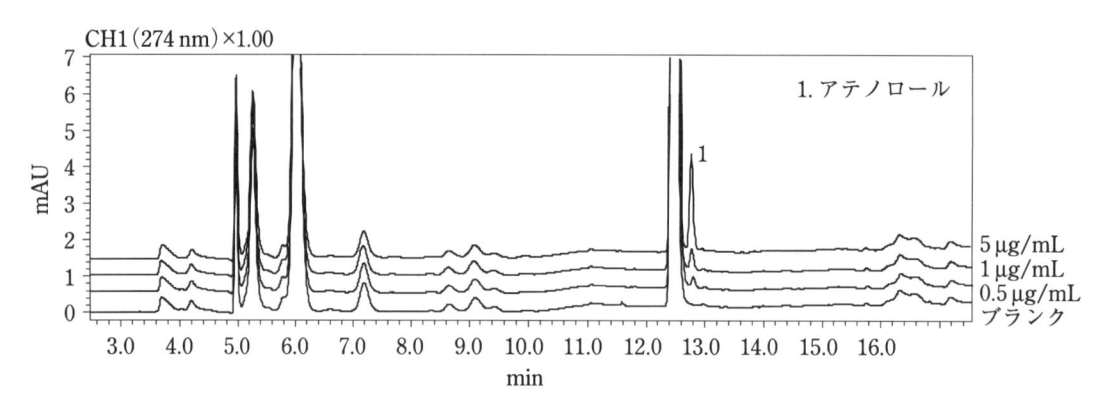

〈前処理条件〉
　前処理カラム　：Shim-pack MAYI-SCX(4.6 mm i.d.×10 mm)
　前処理移動相　：0.1% 酢酸
　流　　量　　　：3.0 mL/min
　抽出時間：2分
〈分析条件〉
　分析カラム　　：Shim-pack VP-ODS(4.6 mm i.d.×150 mm)
　移動相　　　　：A；100 mM 酢酸(アンモニウム)緩衝液(pH=4.7)
　　　　　　　　　B；アセトニトリル
　　　　　　　　　B 2%(5分)→B 35%(14.0分)→B 75%(14.01分)→B 75%(18.0分)
　流　　量　　　：1.0 mL/min
　カラム温度　　：40℃
　検　　出　　　：UV 274 nm

図2　自動前処理HPLCシステムによる血漿中アテノロールの分析例

Question

18 同じODSなのに，なぜ分離能や溶出順序が変わるなどの違いが出るのでしょうか．

Answer

　同じODSでもオクタデシル基の修飾密度と残存シラノール量の差により，分離特性は異なります．

　最近市販されている水100％でも使用可能なODSは，オクタデシル基の修飾密度が最大値の約3分の2以下にコントロールされており，残りはエンドキャップされたメチル基の部分になります．すなわち，このようなODSカラムの分離特性は，C1カラムの特性が3分の1加味されたものになります．したがって，このような極性の高いカラムは，通常のODSカラムに比べて，相対的に極性の高い試料の保持は強く，極性の低い試料の保持は弱くなります．

　エンドキャップされていないODSカラムは，原料であるシリカゲル表面に多量のシラノールが残存しています．このような，ODSカラムでは，例えば，カフェインのようなシラノール基と水素結合的な相互作用をする溶質は，強く保持されます．また，塩基性化合物については，多くの場合カラムから溶出しません．

　一方，エンドキャップされているODSでもエンドキャップ方法の差により，残存シラノール量は大きく異なります．残存シラノールの量を評価する一般的な方法として，ピリジン・フェノール試験があります．移動相に水・アセトニトリル混液を用いて，ピリジンとフェノールを分析します．エンドキャップが不十分なODSカラムでは，塩基性化合物のピリジンはシラノール基とのイオン的な相互作用によりフェノールよりも後に溶出し，ピーク形状がテーリングします．エンドキャップが良好なカラムであれば，ピリジンはフェノールよりも前にシャープなピーク形状で溶出します．エンドキャップが良好であるほど，ピリジンのピーク形状は対称になります．

　アミトリプチリンのような強塩基性化合物は，残存シラノールによるイオン的な相互作用による保持への影響がピリジンと比べてさらに大きくなり，同じ移動相条件でもODSのエンドキャップ方法の差により，保持時間が大きく異なります．これにより共存する溶質との溶出順位が変化することがあります．

Question

19 なぜ，広い表面積のカラムを選択するとよいのですか．

Answer

広い表面積の HPLC 充填剤は固定相を多く導入することが可能です．これにより，クロマトグラフィーを行う際の作用点が増大します．結果として，カラムの保持許容量が増大します．これは，分取サイズの HPLC を考える際，1回に注入できるサンプル量が増大することを意味します．例えば，分取で今まで $100\,m^2/g$ の表面積で 10 mg のサンプルであったものが，$450\,m^2/g$ の表面積で 22 mg のサンプル保持許容量をもつなどです．具体的な表面積ごとのサンプル保持，実験値を，図1に示します．この実験では，移動相溶媒中に疎水性化合物のメチルパラベンを添加し，どのくらいで質量破過が起きているのかをモニターしています．$100\,m^2/g$ と $450\,m^2/g$ の表面積では，サンプル保持許容量がまったく違うことがわかります．

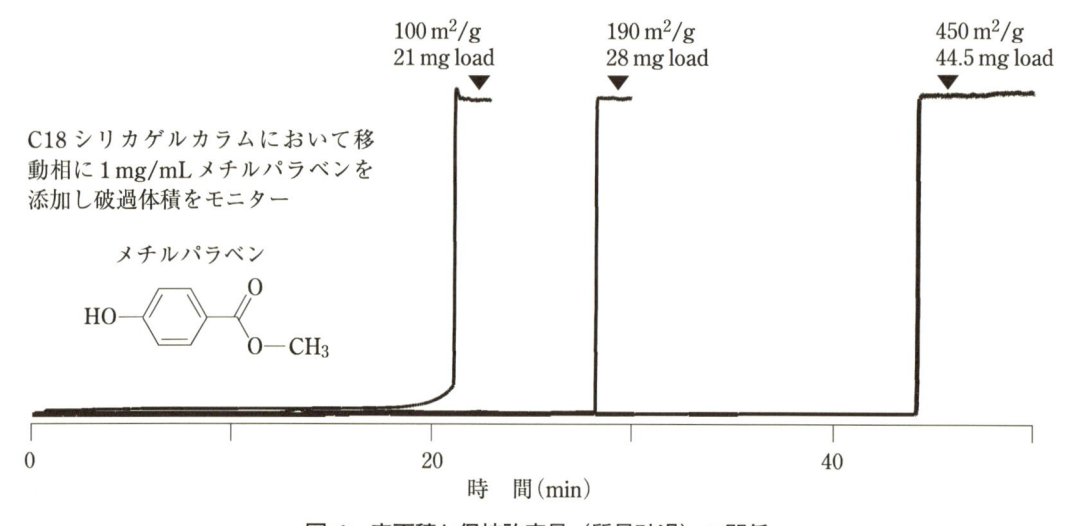

図1 表面積と保持許容量（質量破過）の関係

利点は大変明確ですが，ただ表面積が広ければよいというわけではありません．シリカゲル担体の場合，シリカゲル粒子はポロシティー（Porosity, 多孔度）を形成します．これは図2に示すような形状であると考えられます．孔の分類として，マイクロポア（直径20Å以下），メソポア（20〜500Å），マクロポア（500Å以上）の3種があります．ここで問題なのはマイクロポアです．マイクロポアは図2に示すように，固定相およびエンドキャップ試薬を導入できないシリカゲルの切れ目です．立体障害のため，各導入試薬が表面まで到達できません．ところが，水分子や H_3O^+，OH^- は小さいためマイクロポア内に到達し，シリカゲルの加水分解を起こし

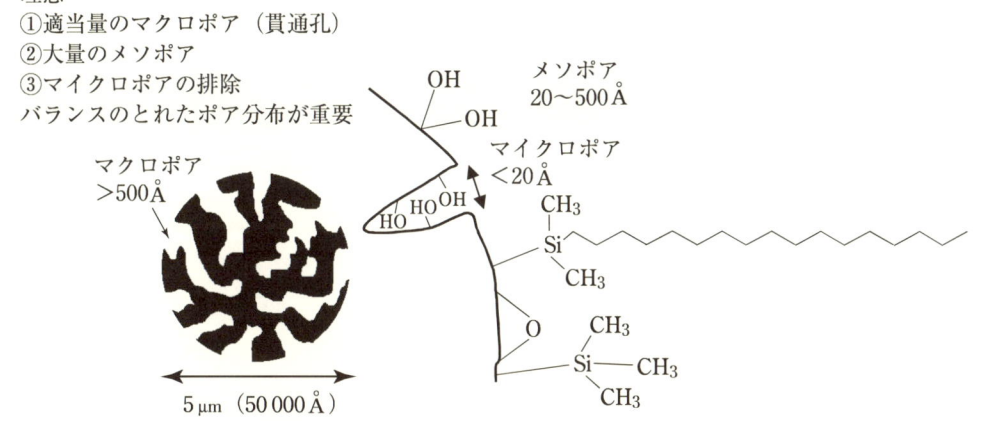

理想
①適当量のマクロポア（貫通孔）
②大量のメソポア
③マイクロポアの排除
バランスのとれたポア分布が重要

図2 シリカゲル基材のポロシティーのようす

ます．その結果，カラムの劣化をまねきます．

　各カラムのカタログに記載されている「ポアサイズ」とはマイクロ，メソ，マクロポアすべての分布平均サイズであり，マイクロポアを含んでいます．マイクロポアが多量にあるシリカゲル基材は当然のことながら大きな表面積を確保できます．結論として，よいカラムの選択は広い表面積でありながら，マイクロポアのより少ないカラムを選択することが重要です．実際のクロマトグラムでは，カラムに残存したシラノールの影響をモニターすることになります．

Question

20 HPLC用のキャピラリーカラムはパックドにしろ,モノリスにしろ,大変折れやすいフューズドシリカが使われているのは訳があるのでしょうか.

Answer

　ステンレススチール (SUS) 製カラムの内面は一般的な SUS 管に比べて,平面粗度も清浄度もよいものが使用されていますが,ミクロレベルで見ると多くの凹凸やしわがあります.カラム径が細くなればなるほど,また粒子径が細かくなればなるほど,管の内面の影響を受けやすくなります.当たり前の話ですが,カラム内の単位体積当たりの管壁表面積は,カラム径が細くなるほど反比例して増えてきます.層流で流れている HPLC 移動相の管壁の線速度はゼロですから,細くなるほど表面の影響を受けやすくなります.1969 年に Konx らは,マイクロカラムの目安として,カラム内径 d_c に対する粒子系 d_p,カラム長さ L と移動相線速度 u の関係を次の式に示しました.

$$\frac{d_c^2}{Ld_p} \geq (32/u) + 1.0$$

　カラム径が細くなるほど,また移動相線速度が速くなるほど,粒子径を小さくしなければならないことを示しています.この考え方は,化学工学の流体理論からすれば正しいのでしょうが,1980 年代になって石井・竹内らがフューズドシリカ管に高性能充塡剤を充塡して,マイクロ HPLC が十分に実用性のあることを証明しました[1,2].つまり,カラムの材質や内面状態,充塡剤の種類によって性能が大きく左右するということです.

1. SUS 管

　一般に,入手できる SUS 管 (BA グレード:光輝熱処理,内面を不動態化処理) は,凹凸の差 (R_{max}) が最大で 1~3 μm 程度あります.微細充塡剤が一粒入るか入らないかというところでしょうか.また,SUS 管内にはサブミクロン程度の金属微粒子も存在します.特殊な研磨方法で,内面を仕上げることも可能ですが,細管になればなるほど処理が難しくなり,またコストもかかります.図 1 に内径 0.5 mm SUS 管 (316,BA),ガラスライニング (ホウケイ酸ガラス) 管に 5 μm の C18 シリカゲルを同一条件で充塡した場合の比較を示します.SUS カラムではなかなか性能が出ず,再現性もあまりよくありません.

2. フューズドシリカ管

　フューズドシリカ管は,1979 年に Hewlett-Packard のグループが,光ファイバーの製造技術を利用して,中空のキャピラリー管を用いたガスクロマトグラフィー用のカラムを発表したのが始まりでした[3].フューズドシリカ管は,軟質ガラス (ソーダライム:SiO_2 68%,Al_2O_3 3%,Na_2O 15%,CaO 6%,MgO 4%,B_2O_3 2%) やホウケイ酸ガラス (コーニング 7740:SiO_2 81%,Al_2O_3 2%,Na_2O 4%,B_2O_3 13%) に比べて,SiO_2 の純度が高く,金属不純物

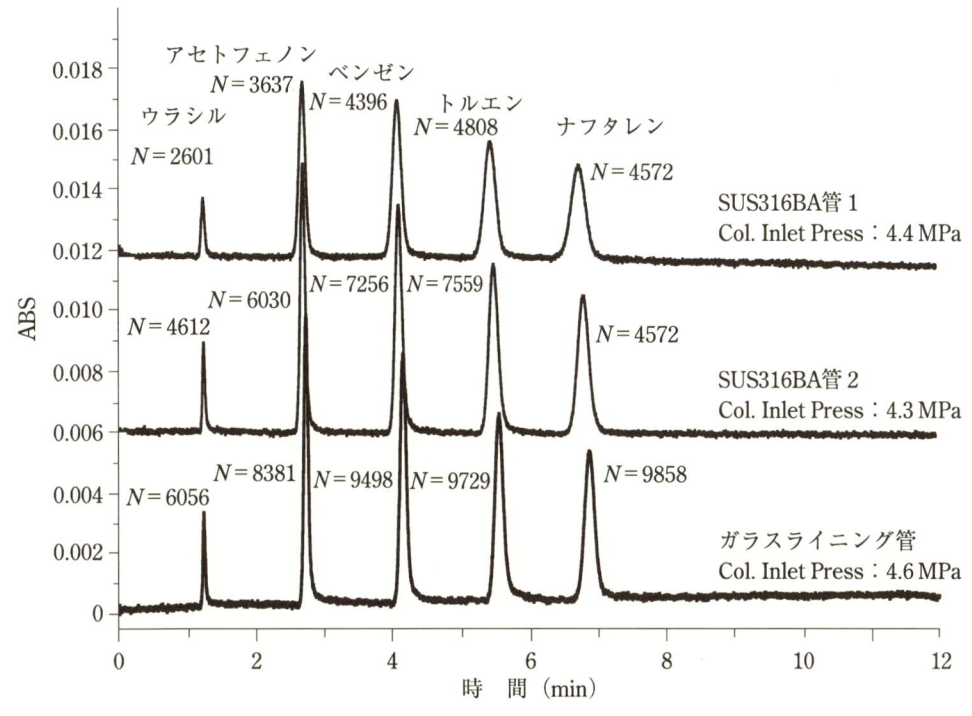

〈分析条件〉
　充填剤：Inertsil ODS-3 5 um，カラムサイズ：内径 0.5 mm×150 mm
　移動相：$CH_3CN/H_2O=65/35$，流速：15 μL/min
　カラム温度：R. T.，試料量：50 nL
　検　出：UV 254 nm

図1　内径 0.5 mm セミミクロカラムの材質の違い

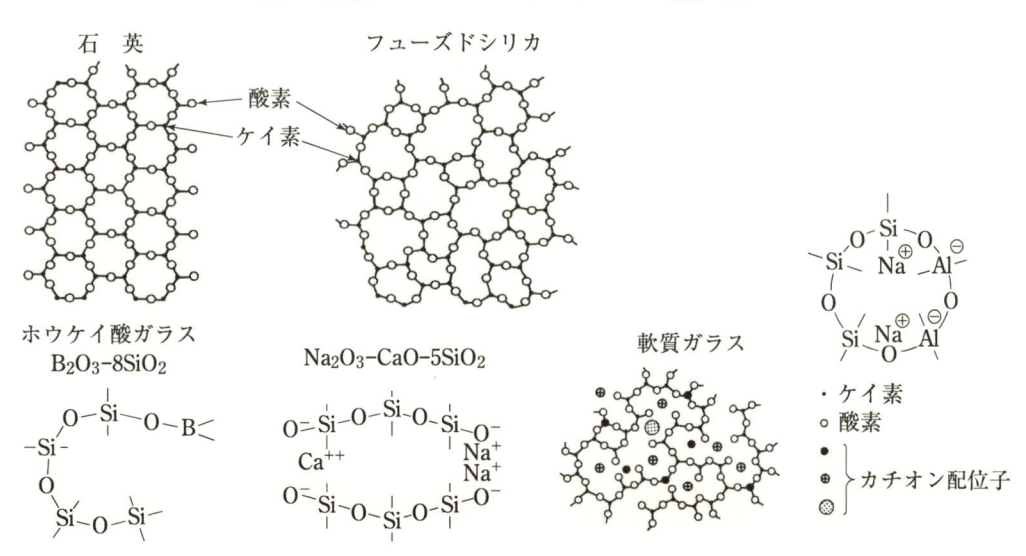

図2　フューズドシリカ管とその他のガラスの構造

[F. I. Onuska, "Open Tublar Column Gas Chromatography in Environmental Sciences", Plenum Press (1984), p. 29]

も1ppm以下と極めて高い不活性さをもっています．

また，図2に示すように，石英と異なりアモルファス構造を有しているために，高い柔軟性を示します．フューズドシリカ管内面のシラノールへの表面処理や固定相の化学結合技術が進歩して，キャピラリーガスクロマトグラフィーはいっきに進化しました．フューズドシリカの出現により，キャピラリー電気泳動が可能になり，分析化学への貢献の大きさははかりしれないものがあります．移動相に緩衝液が使用できるHPLCでは，GCほどの不活性さは要求されないかもしれませんが，内面の均一性，円滑性，内径精度など，数多くのメリットがあるので，キャピラリーカラムにはフューズドシリカ管が用いられています．

フューズドシリカは，アモルファス構造といっても，やはり高温の水やアルカリの攻撃を受けます．表面にできた多量のシラノールは，内部に浸潤していき，Si－O－SiがSi－OH：HO－Siになることにより，破断するといわれています．外側のポリイミドやシリコーンの保護層は，機械的な曲げ強度を保つ目的と，大気中の水分などから長期間保護する目的で塗られています．カラムの内面は，用途などにもよりますが，シリル化剤などで処理した方がよい場合もあります．

新品のカラムを購入したにもかかわらず，すぐに折れてしまうケースは，外側のポリイミド層に傷を付けてしまった場合か，またまれですが，フューズドシリカ管のロット不良（タコ壺状の穴やクラックがある）の場合です．後者の場合は，メーカーに連絡してください．

1) P. Kucera, ed., Microcolumn High-performance Liquid Chromatography, *J. Chromatogr. Lib.*, vol. 28, Elsevier (1984).
2) M. V. Novotny, D. Ishii, ed., Microcolumn Sseparations, *J. Chromatogr. Lib.*, vol. 30, Elsevier (1985).
3) R. D. Dandeneau, E. H. Zerenner, *HRC & C.C.*, **2**, 351 (1979).

Question

21 固相抽出で見かける C18 とイオン交換のミックスモード充填剤は，HPLC に応用されていないのですか．

Answer

　ODS などによる疎水性相互作用と，イオン交換基によるイオン交換相互作用の両方を分離に利用するミックスモード充填剤は，固相抽出カートリッジでよく用いられますが，HPLC にも応用されています．

　ミックスモード充填剤は，ODS などの逆相系充填剤とイオン交換充填剤の両方を混合したタイプのものと，疎水性官能基とイオン交換官能基の両方を有する固定相をもつ充填剤を使用したタイプのものとに分かれます．後者は，厳密なロット間差の制御を行うのに有効で，おもに HPLC 用充填剤に用いられていますが，固相抽出カートリッジにも採用しているものがあります．

　ミックスモードを用いる利点は，酸性または塩基性化合物と疎水性化合物を同時に分析できることや，イオン対試薬の添加なしで，酸性または塩基性化合物をカラムに十分保持させることができることです．また，固相抽出では，ある程度の疎水性を有する成分において，サンプルマトリックスが高濃度の塩を含んでいる場合でも，脱塩処理なしで逆相的に保持させることができるのも利点の一つです．

表 1　各種充填剤の適応化合物

充 填 剤	イオン性化合物	疎水性化合物
ODS 充填剤	○（イオン対試薬が必要）	○
イオン交換充填剤	○	×
ミックスモード充填剤	○	○

（○：適応可　×：適応不可）

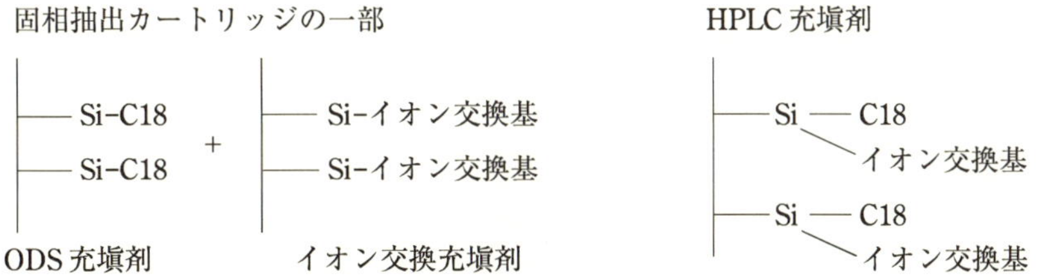

図 1　ミックスモード充填剤の例

表 2　市販 HPLC ミックスモードカラム一覧表

製 品 名	メーカー（代理店）
Duet C18/SCX / C18/SAX	Thermo（サーモエレクトロン）
Kaseisorb LC ODS-SCX/ODS-SAX	東京化成
Primesep A/B/B2/C/D/100/200/AB	Sielc（東京化成）

Question

22 超高圧型システムの原理およびメリット,デメリットについて教えてください.

Answer

1. 原　理

　超高圧型システムとは,通常のHPLCで使用するよりも小さな粒子径の充填剤カラムを用い,より速い線速度で溶出を行うことにより,スピード・感度・分離が向上するという技術です.結果として,システム全体に通常のHPLCよりも高い圧力がかかるので,「超高圧型システム」ともよびますが,UPLC（Ultra Performance Liquid Chromatographyの略）ともよばれます.これはもともとノースキャロライナ大学のジョージェンセン博士[1]およびユタ大学のリー博士[2]により発表された論文の中で,より小さな径の粒子を利用することにより新たな分離が得られる,という研究を現実のものにしたということになります.

　根本的な理論はvan Deemterの法則を使って説明することができます.van Deemterの法則は線速度（u）,粒子径（d_p）と理論段高さ（Height Equivalent to Theoretical Plate：HETP,カラム長さを理論段数で除した数値）の関係を示しています.

$$\text{HETP} = a(d_p) + b/u + c(d_p)^2 u$$

この式においてa, b, cは定数です.この法則を用いて,異なる粒子径での理論的性能の特性を座標軸上にプロットしたのが,図1になります.

2. メリット

　図1から,粒子径が小さくなるにしたがって理論段高さが小さくなり,分離が向上しているのがわかります.もう一つの特徴として,粒子径によって曲線のカーブが異なることがわかり

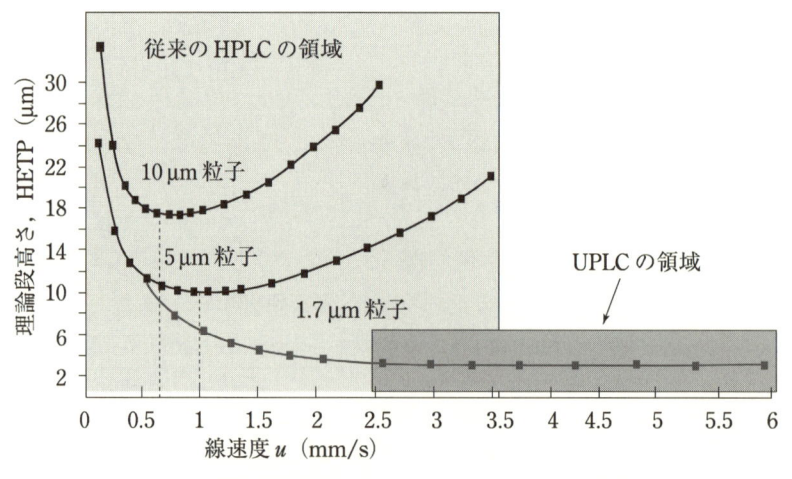

図1　異なる粒子径でのファンディームター曲線

ます．粒子径が 5 μm ですと，線速度が大きくなるにつれて右上がりの曲線となり，分離は悪くなってきます．しかし，2 μm 以下という非常に小さな粒子径になってくると，例え線速度が大きくなっても分離が維持されます．つまり，高線速度（高流速）で分析してもよい分離を維持したまま分析できることを示しています．結果として，粒子径を小さくし，線速度を上げて分析することで，高い分離を維持したまま非常に短い分析時間で，かつ感度の高い分析が可能になります（図2）．

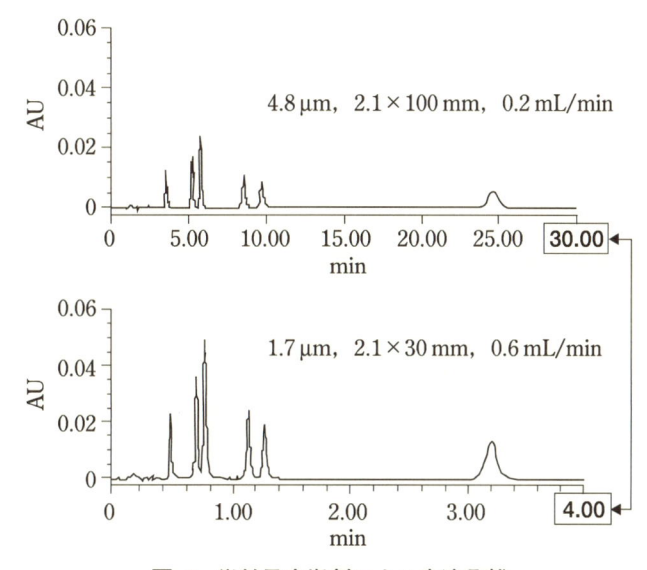

図 2　微粒子充填剤による高速分離

ただし，流速を上げて分析をするため，使用するカラムあるいは装置に非常に高い圧力（8 000〜15 000 psi）がかかることになります．したがって，このような分析を行うには高耐圧性のカラムと装置が不可欠となります．

検出としては，通常の HPLC で使用する光学検出器（UV，蛍光，その他）あるいは質量分析装置が考えられます．いずれにしても，非常に幅の狭いシャープなピーク（ピーク幅1〜3秒など）を正確に再現性よく認識（および波形解析）するだけの，データ取込み速度が必要です．検出器として UV が最適か，質量分析装置が最適かという質問は分析の目的により答えが変わりますが，ピークを検出するだけの十分なデータポイント数（1 ピーク当たり 15〜20 データポイント）の取込みができれば，双方とも 2〜3 倍の検出感度向上が期待できます．検出器としての質量分析装置はメリットが大きく，分離がよくなる分サンプル情報量が増え，分析の生産性が飛躍的に上がります．

このようなシステムのメリットは，前述のように，何といっても通常の HPLC では得られないスピード・感度・分離が得られるということです．

3. デメリット

デメリットとしては，超高圧下でシステムを運転するため通常のシステムよりバルブ・チュービング・フィッティング・カラムなどへの負荷が増大し消耗が激しい可能性があること，超高圧下で分離されるピークは非常に幅が狭くシャープであることから，検出器にも速いデータ取込み速度が要求され検出の種類が制限されること，などがあげられます．

しかし，HPLCの歴史を振り返ると，常にさらなる分離を追及してきた結果として，分離の向上とともにシステムにかかる背圧も上がっているという事実があります．例えば，1970年はじめにはせいぜい100〜500 psiという圧力下で分析がなされていましたが，現在のHPLCでは1500〜4000 psiでの分析が一般的となっています．つまり，背圧の上昇にしたがって，そのような圧力に十分耐えられるシステムが開発されてきたということになります．これは検出器に関しても同様で，現在はデータ取込み速度や感度が超高圧型システムに対応したものがあります．また，超高圧下でサンプルが分解しないかといった議論がありますが，現在のところはそのようなデータは得られていません．このように，今は「先端技術」という位置づけの超高圧型システムも，いずれはごく汎用的なシステムとして使われるものと考えられます．

---

1) A. D. Jerkovich, J. S. Mellors, J. W. Jorgensen, "The Use of Micrometer-Sized Particles in Ultrahigh Pressure Liquid Chromatography", vol. 21, No. 7, LCGC (2003).
2) N. Wu, J. A. Lippert, M. L. Lee, Practical Aspects of Ultrahigh Pressure Capillary Liquid Chromatography, *J. Chromatogr.*, **911**, 1 (2001).

Question

23 流速グラジエントという手法があると聞きましたが，どのような分析方法でしょうか．

Answer

通常，「グラジエント」というと，移動相の溶媒の濃度を時間とともに変化させることによって，保持の強い物質の溶出を速め，分析時間の短縮や分離効率の向上をはかる溶媒グラジエントを思い浮かべることでしょう．一方，流速グラジエントとは，移動相の「溶媒の濃度」ではなく，「流速」を時間とともに変化させるテクニックです．例えば，流速を時間とともに上昇させて，保持時間の長い物質の溶出を速め，その結果として分析時間が短縮できます．

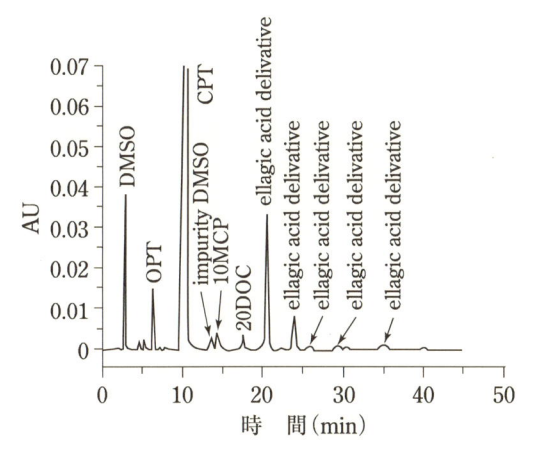

〈分析条件〉
カラム ：Mightysil RP-18 GP
　　　　　5 μm（4.6 mm i.d.×250 mm）
移動相 ：50 mM リン酸カリウム–メタノール–
　　　　　アセトニトリル（50：35：15 v/v）
流　速 ：1 mL/min
検　出 ：UV 251 nm
カラム温度：25℃
サンプル ：喜樹抽出物

図1 イソクラティック条件でのクロマトグラム

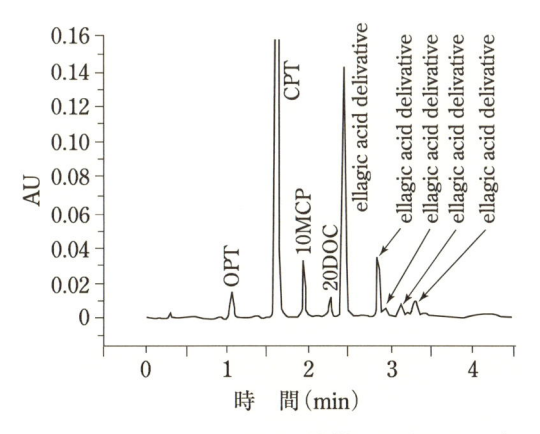

〈分析条件〉
カラム ：クロモリスパフォーマンス RP-18e
　　　　　（4.6 mm i.d.×100 mm）
移動相 ：A；50 mM リン酸カリウム–アセトニ
　　　　　トリル–メタノール（80：15：5 v/v）
　　　　　B；50 mM リン酸カリウム–アセトニ
　　　　　トリル–メタノール（55：40：5 v/v）
　　　　　リニアグラジエント；A液100～0%，
　　　　　B液 0～100%（0～4分）
流　速 ：6～7 mL/min（0～4分）
検　出 ：UV 254 nm
カラム温度：30℃
サンプル ：喜樹抽出物

図2 溶媒・流速両方のグラジエントを用いたクロマトグラム

溶媒・流速両方のグラジエントを用いた抽出物中のカンプトテンシン（CPT）およびその類縁物質の分析．
［中沢真子，簱野　博，長岡正人，相山律男，*Chromatography*, **24**(2), 81-87 (2003)］

この手法が編み出された背景には，高流速で分析が可能なモノリス型シリカカラムの登場があげられます．モノリス型シリカカラムの特徴であるその低背圧により，通常の粒子充填型では考えられなかった高流速での分析が可能となりました．また，モノリス型シリカカラムは，流速の増加に伴う分離能の低下が緩やかで，高流速でも十分な分解能をもたらすことが流速グラジエントを可能にしたといえます．

なお，モノリス型シリカカラムの特徴については，「液クロ龍の巻」Q21，「彪の巻」Q33に掲載されているので，ご参照ください．

Question

24 イオン抑制法とイオンペア法の違いと使い分けを教えてください.

Answer

移動相として極性の大きい水系溶媒を用い,解離しやすい官能基をもった試料成分,特に弱酸性,弱塩基性の成分を分離する場合,水素イオン濃度やイオン強度が分離に大きな影響を与えます.それは移動相のpHによってこれら成分のイオン化の程度が異なり,k'値が大きく変化するためです.これらの解離しやすい官能基をもつ試料の保持を調節する方法として,イオン抑制法とイオンペア(イオン対)法があります.

1. イオン抑制法

イオン抑制法は,解離しやすい官能基の解離を抑制することで,分析対象成分の固定相への親和性を強め保持させる方法です.すなわち,逆相系で酸性の官能基をもつ物質を分析するのであれば,より強い酸を加えpHを下げた移動相を用いてイオンの解離を抑え,また塩基性の官能基をもつ物質であれば,より強いアルカリを加えてpHを高くし,解離を抑制して保持させます.反対に,移動相のpHを低くすると塩基性の官能基をもつ成分,pHを高くすると酸性の官能基をもつ成分の解離が進み,固定相への親和性が弱まるため保持は小さくなります(表1).

表1 pHと解離しやすい化合物の保持との関係

pH	塩基性の官能基をもつ成分	酸性の官能基をもつ成分
低くなる	保 持 小	保 持 大
高くなる	保 持 大	保 持 小

2. イオンペア法

イオン抑制法以外に,解離しやすい官能基をもつ試料の保持を調節する方法としてイオンペア法があります.

イオンペア法はイオン性またはイオン化し得る成分に適当な対イオンを加え,電荷をもたないイオン対を生成させ,逆相系の固定相に保持させる方法です.対イオンとして使用される試薬をイオン対試薬といい,溶質と逆の電荷をもつものが使用されます.

図1に逆相系イオン対法による分離の模式図を示します.水性の移動相溶媒中でイオン性またはイオン化し得る溶質に適当な対イオンを加えると,イオン性試料 A^-H^+ はイオン対試薬 B^+OH^- とイオン対 B^+A^- を生成します.このイオン対BAは電荷をもたないので逆相系の化学結合型固定相に保持され,普通の有機化合物同様に分離されます.

イオン対の保持は,対イオンの種類と濃度,移動相のpHにより調節します.イオン対試薬

イオン対試薬無添加

イオン性試料
A^-H^+ → H^+
→ A^-
↓
保持されずに溶出

逆相系化学結合型固定相

イオン対試薬添加

イオン性試料　　イオン対試薬　　イオン対形成
　　　　　　　　B^+OH^-　　　　A^-B^+
A^-H^+　　＋　　□OH^-　→　□A^-
　　　　　　　　　　　　　　　　↓
　　　　　　　固定相に保持される　A^- □

逆相系化学結合型固定相

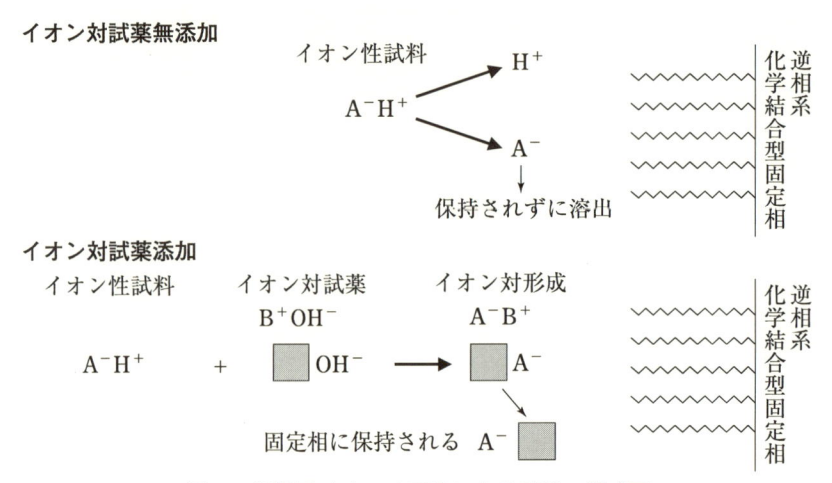

図1　逆相系イオンペア法による分離の模式図

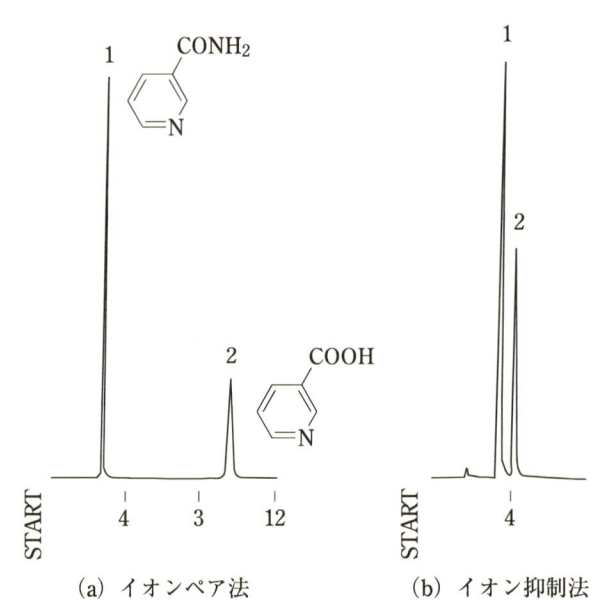

(a) イオンペア法
(b) イオン抑制法

〈分析条件〉
　カラム：Wakosil 5C18(4.6 mm i.d.×150 mm)
　流　速：1.0 mL/min
　検　出：UV 254 nm
　試　料：1) ニコチンアミド
　　　　　2) ニコチン酸
　移動相：(a)；5 mM TBA*・リン酸塩緩衝液(pH 7.3)/アセトニトリル(9：1)
　　　　　(b)；100 mM リン酸塩緩衝液(pH 2.1)
　　　　　(*　TBA；tetra-n-butylammonium)

図2　イオンペア法，イオン制御法によるニコチンアミド，ニコチン酸の分析

としては，酸性の官能基をもつ成分に対しては第四級アルキルアンモニウム塩，第三級アミンなどが，塩基性の官能基をもつ成分に対してはアルキルスルホン酸塩，過塩素酸，アルキル硫酸などが用いられます．対イオンの使用濃度範囲は，通常 0.001〜0.01 M で，対イオン濃度が高いほど保持は大きくなります．

3．二つの方法の適用例

図2にニコチンアミド，ニコチン酸を，(a) イオンペア法と (b) イオン抑制法を用いて分析した例です．このケースではニコチン酸をターゲットとし対イオン (tetra-n-butylammonium：TBA) を用いた (a) の方が保持が大きくなっています．これはニコチン酸の COO$^-$ と TBA の N$^+$ がイオン対を形成し電荷をもたない状態になるとともに，生成した対イオンの方が解離を抑えたニコチン酸自体より大きくなったことによります（これだけでなく，ほかにも要因はあります）．

以上まとめると，

① イオン抑制法は解離を抑えることで，イオンペア法はイオン対を形成することで分析対象物質が電荷をもたない状態にし，保持させる方法．

であり，

② まず，イオン抑制法を用いて，個々の成分の保持時間と pH との関係から最適な pH を求め，分析する．

③ 酸性イオン成分と塩基性イオン成分を同時に分析するなど，pH 変化だけでは試料成分の解離が抑制できない試料を分離する場合，イオンペア法で分析する．

のが，一般的な使用法です．

なお，イオン抑制法，イオンペア法いずれの場合も，担体の使用可能な pH に注意してください．

Question

25 酸性と塩基性の両官能基をもつ化合物には，酸性用，塩基性用どちらのイオン対試薬を用いればよいですか．

Answer

　イオン対試薬には，酸性官能基（カルボキシル基など）とイオン対を形成する酸性物質用イオン対試薬と，塩基性官能基（アミノ基など）とイオン対を形成する塩基性物質用イオン対試薬があります．

　分析対象物の中には，アミノ酸のように酸性官能基と塩基性官能基の両方をもつ化合物があり，それぞれの官能基に対してイオン対の形成が考えられるので，酸性物質用，塩基性物質用のどちらのイオン対試薬を用いればよいのか迷います．このようなときは，官能基のpK_aと移動相のpH条件により試薬を選択します．

　イオン対の形成は，イオン対試薬と分析対象物の両方がイオン化する条件で有効にはたらきます．イオン化する条件は，分析対象物のpK_aに関連しており，例えば$pK_a=3$の酸性官能基の場合，移動相pH=3において，解離/非解離が平衡状態，すなわち解離50％，非解離50％となります．それより低いpH条件では解離が抑制され，イオン対は形成されませんが，安定な状態であり，保持・分離には有効となります．逆に，高いpH条件では解離が促進され，イオン対試薬とイオン対を形成して保持・分離を行います．そのため，イオン対試薬を添加してイオン対を形成するには，移動相pHが3よりも高い条件が必要となります．

〈例〉アミノ酸（カルボキシル基$pK_a=4$，アミノ基$pK_a=8$）の場合

　① 移動相pH=3，カルボキシル基：非解離状態，アミノ基：解離状態，イオン対試薬：塩基性物質用を用いる．アミノ基とイオン対を形成する．

　② 移動相pH=6，カルボキシル基：解離状態，アミノ基：解離状態，カルボキシル基またはアミノ基のいずれかとイオン対を形成し，残りは解離状態となる．

　③ 移動相pH=9，カルボキシル基：解離状態，アミノ基：非解離状態，イオン対試薬：酸性物質用を用いる．カルボキシル基とイオン対を形成する．

　上記アミノ酸の場合，pH=3の場合は，塩基性物質用イオン対試薬を用いることで，アミノ基はイオン対が形成され，カルボキシル基は解離抑制されるので，有効な分析条件と考えられます．pH=6の場合は，カルボキシル基とアミノ基の両方とも解離状態となるため，酸性および塩基性物質用のどちらのイオン対試薬を用いても，一つの官能基とイオン対を形成しますが，残りの官能基は解離状態となるため，保持が弱くなったり，ピーク形状が悪くなる可能性があります．pH=9の場合は，酸性物質用イオン対試薬を用いることで，カルボキシル基はイオン対が形成され，アミノ基は解離抑制されますが，pH=9は一般のODSカラムでは使用可能pH範囲を超えてしまうので，カラム耐久性を考慮すると推奨できる分析条件ではありませ

ん．以上より，pH＝3の移動相で，塩基性物質用イオン対試薬を用いる分析条件が最も有効であると考えられます．

このように，分析対象物のpK_aと移動相 pH を勘案して，イオン対試薬を選択します．

Question

26 o, m, p-位置異性体分離に最適なカラムを教えてください．

Answer

o, m, p-位置異性体は，構造や極性などの性質が似ているため，疎水性相互作用をおもな分離メカニズムとしている逆相モードでは分離し難い場合が多いのです．

シリカゲルカラムやシアノプロピルカラムなどを用いた順相モードでは，立体的位置の違いを認識可能な水素結合作用がおもな分離メカニズムとなるので，o, m, p-位置異性体分離に有効（「液クロ犬の巻」Q23）です．

また，シクロデキストリン（CD）カラムを用いるのも，o, m, p-位置異性体分離に有効な方法です．CD は環内部に芳香環を包接する作用（Q33 参照）があります．芳香環が CD 内部に包接される際，p-異性体は二つの官能基が縦の位置にあるため包接されやすく，通常最も保持時間が長くなります．一方 o-および m-異性体は，一つの官能基が横の位置になるので，包接の

1. o-キシレン (5.7分)　2. m-キシレン (6.4分)　3. p-キシレン (6.8分)

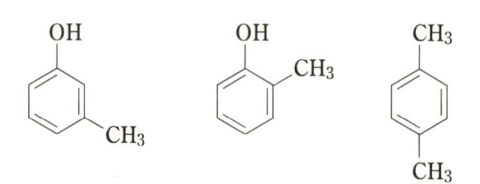

1. m-クレゾール (6.6分)　2. o-クレゾール (7.3分)　3. p-クレゾール (9.8分)

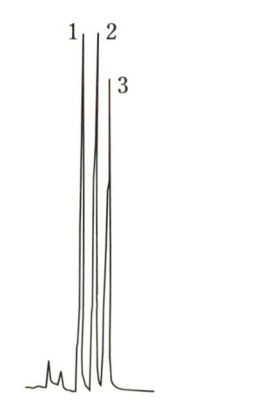

カラム：CYCLOBOND I 2000
　　　　（4.6 mm i.d.×250 mm）
移動相：アセトニトリル-水＝30：70
流　速：1.0 mL/min

図1　キシレンの分離例

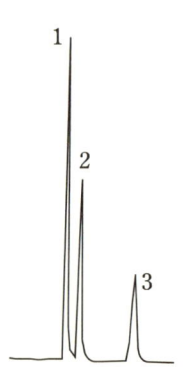

カラム：CYCLOBOND I 2000
　　　　（4.6 mm i.d.×250 mm）
移動相：アセトニトリル-水＝40：60
流　速：1.0 mL/min

図2　クレゾールの分離例

邪魔となり，十分に包接されず速く溶出します．

このように，CD カラムは，分子の立体構造を識別するのに有効であり，o, m, p-位置異性体分離のほか，光学異性体分離用としても用いられています．

その他，ニトロフェニル基，フルオロフェニル基などの芳香族基を導入した，π-電子相互作用型固定相も，o, m, p-位置異性体の分離に有効です．

Question

27 逆相 HPLC で THF を溶離液に加えると分離が改善することがあります．理由を教えてください．また，改善が望める化合物群の傾向がありましたら教えてください．

Answer

　溶媒ごとに極性が異なることで化合物の保持の違いが出ます．テトラヒドロフラン（THF）は逆相分析で使用頻度の高いアセトニトリルやメタノールに比較して，Hildebrand の溶解パラメーター（σ）[1] が小さく極性の弱い溶媒です．さらに，極性の強さの違いにより化合物との分子間相互作用が異なるため，分離挙動や保持挙動に影響が出ます．

　極性による分子間相互作用は σ 以外の溶解パラメーターとして，分散力にもとづく分配溶解パラメーター（σ_d），双極子配向力にもとづく配向溶解パラメーター（σ_o），水素受容体あるいは水素供与体としての相互作用をする能力を表すプロトン受容性溶解パラメーター（σ_a），プロトン供与性溶解パラメーター（σ_h）が広く用いられています．下記に，おもな有機溶媒の溶解度パラメーター[2] を記載します．各溶解度パラメーター値の違いにより化合物との分離挙動が異なるものと思われますが，具体的な分離挙動の予測はいまだわかっておりません[3]．

表 1　逆相クロマトグラフィーに用いられるおもな有機溶媒の溶解度パラメーター

有機溶媒	σ	σ_d	σ_o	σ_a	σ_h
メタノール	12.9	6.2	5	7.5	7.5
エタノール	11.2	6.8	4	5	5
n-プロパノール	10.2	7.2	2.5	4	4
アセトニトリル	11.8	6.5	8	2.5	0
テトラヒドロフラン	9.1	7.6	4	3	0

---

1) J. Brandrup, E. H. Immergut ed., H. Burrell, B. Immergtt, Solubility Parameter Values in "Polymer Handbook", IV-341, Wiley Interscience (1966).
2) L. R. Snyder, J. J. Kirkland 著，小島，春木ほか 訳，"高速液体クロマトグラフィー"，東京化学同人 (1976)，p. 150．
3) "HPLC における最適条件の設定とトラブル対策"，(株)技術情報協会 (2002)．

第1章　HPLCの基礎と分離

Question

28 極端に極性の高いサンプルから，極端に極性の低いサンプルまでを一斉分析したいと思います．通常のHPLCのグラジエント分析では，不保持・保持しすぎがあって，うまくいきません．何かコツを教えてください．

Answer

　まず，グラジエント条件において，傾斜を直線的にかけているのであれば，傾斜のかけ方を再検討する必要があります．すなわち，グラジエント初期は傾斜を緩やかにして時間をかけて極性の高い溶質を十分に分離し，グラジエント後半は傾斜を急にして極性の低い溶質を速く溶出させることを試みてください．

　それでも分離が不十分であれば，カラムを替えてみてください．ODSであれば，オクタデシル基の修飾密度の低いものを選定します．最近市販されている水100％でも使用可能なODSカラムがこれに相当し，極性の高い溶質を強く保持・分離し，極性の低い溶質の保持は小さくなります．ODSカラムを用いても要求する分離バランスが得られない場合は，耐久性が若干劣ることを認識したうえで，C8カラムやさらに極性の高いCNカラムを使用すれば，ODSカラムより全体の分離のバランスが改善されることが期待できます．

　なお，極性が極端に高い溶質から極端に低い溶質を分析するうえで問題になるのは，試料溶媒の選定です．極性が極端に高い溶質は，水か水リッチの水・有機溶媒混液にしか溶解しません．一方，極性が極端に低い溶質は，有機溶媒か有機溶媒リッチの水・有機溶媒混液にしか溶解しません．したがって，すべての溶質が溶解し，移動相の構成成分からなる適切な試料溶媒を選定しなくてはなりません．

　次善の策として，サンプルをジメチルスルホキシドなどに溶解して強引に分析することもあります．この場合，グラジエント立上り時（水リッチ）に溶出するピーク群は，注入したジメチルスルホキシドの強い溶出力の試料溶媒の影響を受けてリーディングすることがあります．一方，グラジエント終了時（有機溶媒リッチ）に溶出するピーク群は，疎水性が高いため注入時の水リッチの移動相中で析出することがあります．このとき，グラジエントで有機溶媒リッチになるとようやく再溶解するが，溶解するのに時間がかかるため，ピークがテーリングします．このような事例において，求める感度にもよりますが，試料の注入量を極力減らすことによりピーク形状を改善できることがあります．

　これらの策を講じてもうまく分析できない場合は，二つのモードに分けて分析することになります．極性の高いサンプルは，水リッチの移動相で分離し，極性の低いサンプルはステップグラジエントにより溶出させます．一方，極性の低いサンプルは，保持の弱い極性の高いサンプルの分離を無視して，有機溶媒リッチの移動相で分析します．この際，サンプルは主となる移動相に溶解し，不溶物は注入前に沪過することが前提となります．

Question

29 逆相固定相の分離において移動相による固定相の濡れは必要でしょうか．固定相は移動相で濡れていなければ，分離できないのでしょうか．

Answer

　逆相クロマトグラフィーにおける分離は、溶質の固定相と移動相への分配がおもな機構であるといわれています．カラム性能として理論段数がよく用いられていますが，この理論段数の1段は分液ロートでの1回の分配に相当しています．10 000段の性能をもつカラムは，分液ロートを10 000個並べて分離していることになります．分液ロートでの分配操作において，例えば水とヘキサンの液-液分配は一般的に行われており，水とヘキサンは互いに混ざり合わず，界面で接しています．言い換えると，水とヘキサンはお互いに濡れていない状態です．つまり，液-液分配はそれぞれの液体が濡れていない状態において分配を行っています．

　濡れの定義に関して，濡れるとは「ある固体表面と液体との接触角が90度よりも小さい場合」であり，この接触角が90度より大きい場合は濡れていないことになります（図1）．濡れる場合は，毛管作用により液体は毛細管内へ入り込もうとする力がはたらきます．これは細いガラス管を水の入ったコップに差し込んだ場合に，ガラス管内の液面が水面より高くなる「毛管現象」としてよく知られています．逆に濡れない場合には，液体は毛細管内から抜け出そうとする力がはたらきます．毛管現象の式から，管内外の液面の高さの差(h)は$\cos\theta$に比例するため，接触角が90度以上ではマイナスの値になることからも，毛細管内から抜け出す力がはたらくことが理解できます．

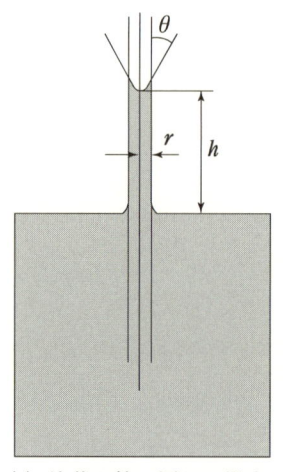

(a) 液体が管に濡れる場合　$\theta < 90°$

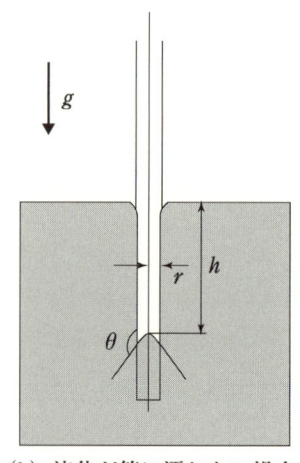

(b) 液体が管に濡れない場合　$\theta > 90°$

図1　濡れの定義

毛管現象の式は，次のようになります．

$$h = 2\gamma \cos\theta / (r\rho g)$$

ここで，γ：表面張力，ρ：液体の密度（比重）．

　逆相固定相はシリカなどの基材表面にアルキル基が結合しているため，疎水性が高く，水に濡れることはまず考えられません．通常のC18充塡剤は乾燥した状態では水をはじき，C18固定相表面と水は濡れません．つまり，充塡剤細孔内へは水は入り込まない，もしくはすでに細孔内に水が存在していたならば水は抜け出そうとする力がはたらきます．しかしながら，HPLCカラムは通液時には高い圧力がかかっているため，この圧力が毛管作用により細孔内から抜け出そうとする圧力よりも高ければ，水は細孔内にとどまっています．この状態は細孔内には水が存在するが，細孔内の固定相表面と水は濡れていない状態です．水移動相を用いたC18カラムの分離はこのような状態で起こっており，試料が保持する場合はC18固定相と水移動相の間で分配が起こっていることになります．

　以上述べてきたように，液-液分配と同じことがC18固定相と水移動相で起こっており，逆相クロマトグラフィーでの分離・保持，言い換えれば固定相と移動相間の分配は必ずしも固定相が移動相で濡れている必要はないといえます．従来の濡れの意味合いは，充塡剤細孔内に移動相が存在していることであったと考えられます．つまり，今までの「濡れが必要」という概念は，実際には「充塡剤細孔内に移動相が存在しなければならない」という内容を意味しています．

Question

30 逆相分離において有機溶媒と水の混合溶媒を移動相として用いた場合に,固定相にどの程度有機溶媒は溶媒和しているのでしょうか.

Answer

逆相クロマトグラフィーにおける移動相中の有機溶媒の固定相への溶媒和については,アルキル鎖に有機溶媒が溶媒和している状態が多くの論文に概念図として記載されています.固定相のアルキル鎖には数個の有機溶媒が接しており,海草が海中で漂っている状態のように,シリカ基材表面に結合しているアルキル基(C8,C18など)が移動相中で漂っている状態が一般的に認知されています.そこで,実際に溶媒和量が測定できないかという疑問に答えるため,ある仮定のもとに測定を行った結果[1]を以下に示します.

まず,移動相は有機溶媒と水との混合溶液を用い,移動相中の有機溶媒のみが逆相固定相に溶媒和すると仮定しました.有機溶媒と水との混合溶液を移動相としたときに,移動相中の有機溶媒そのものも保持しています.例えば,C18カラムに2%エタノール/98%水を移動相とした場合でも,少量のエタノールをインジェクションすると t_0 よりも長い保持時間にエタノールのピークが出現します.つまり,エタノールの保持がある場合は移動相と固定相間でエタノールの分配が起こっていることになり,固定相中に分配して存在しているエタノールの量と移動相中に存在するエタノールの量の比は分配比となります.この固定相中に分配している状態を,溶媒和している状態と仮定しました.なお, t_0 は亜硝酸ナトリウムの溶出時間としました.

保持係数(k)は固定相と移動相内における試料成分の濃度比である[2]($k=S/M$, S:固定相中の溶質の量, M:移動相中の溶質の量)ため,そこから固定相に分配される各有機溶媒の濃度を求めました.算出方法を,以下に示します.

固定相へ分配される有機溶媒濃度(%)=移動相中の有機溶媒濃度(%)× k

これより,固定相へ分配される有機溶媒濃度がわかるため,その結果から固定相のアルキル基1本に対して各有機溶媒が何個溶媒和しているかを,モル比より求めました.移動相中の有機溶媒濃度が1%前後から,その有機溶媒の保持係数や分配比を求めるため,水の多い移動相でも保持の変化のないC30固定相を用いました.

表1には,エタノール・水移動相を用いたときの固定相中への分配量(溶媒和量)を示します.10%エタノール移動相の場合のC30固定相のトリアコンチル鎖(C30)1本への分配(溶媒和)しているエタノールの個数は,約0.6個と計算されました.同様に,メタノールおよび2-プロパノールについても,それぞれ10%濃度の移動相で約0.8個と約0.4個と計算されました.この有機溶媒10%の移動相条件において,この実験で用いたC30カラムと通常のC30と炭素含有量がほぼ同じC18カラムとは,これらのアルコール類の保持時間はほぼ同じである

表 1　固定相に分配しているエタノール量

	移動相中のエタノール濃度				
	1%	2%	5%	10%	20%
t_0（分）	3.038	3.009	2.985	2.953	2.911
エタノールの保持時間（分）	5.816	5.152	4.278	3.830	3.591
k（保持係数）	0.812	0.609	0.329	0.192	0.127
エタノールの固定相中の量*（%）	0.812	1.218	1.647	1.920	2.542

*カラム内に存在する移動相量を100％としたときの値．
$k=$（エタノールの保持時間$-t_0$）$/t_0$
カラム：Develosil C30-UG-5 4.6×150 mm，流速：0.5 mL/min

ため，C18カラムではオクタデシル基（C18）1本への分配（溶媒和）している有機溶媒の個数はメタノールで約0.5個，エタノールで約0.36個，2-プロパノールで約0.24個となります．20％有機溶媒濃度でも10％に比べ1.1から1.3倍程度の分配量（溶媒和量）であり，10％から20％の低濃度の有機溶媒ではC18固定相に溶媒和している溶媒量はかなり少ないことが判明しました．

アルコール以外の有機溶媒として，水と任意の割合で混合可能であるテトラヒドロフラン（THF）を用いて同様に測定したところ，C30アルキル鎖1本に対し，THF濃度10％で1.5個，またTHF濃度20％で3.3個のTHF分子が溶媒和していました（図1）．THFはアルコール類に比べ数倍の量が溶媒和しており，逆相分離において移動相にTHFを10％前後加えることにより選択性が大きく変化する事例は，この溶媒和量の多さが起因しているかもしれません．

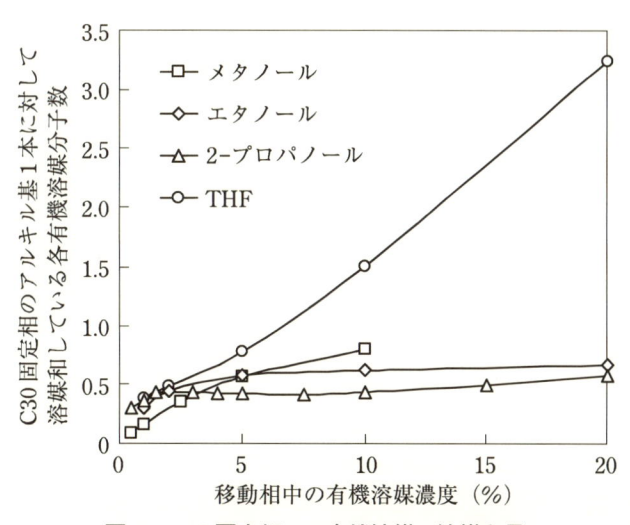

図 1　C30固定相への有機溶媒の溶媒和量

1) 藤田直樹，長江徳和，*Chromatography*, **26**, Supplement 1, 21 (2005).
2) 花井俊彦，波多野博行，"実験高速液体クロマトグラフィー"，化学同人 (1988).

Question

31 逆相HPLCで中性の移動相を使用する場合，塩基性化合物がひどくテーリングする理由はどうしてですか．

Answer

中性の移動相条件下では，残存シラノールが解離し，塩基性化合物がプロトン化するため，イオン的な相互作用が最も強くはたらく状態になります．アルキル基との逆相分配相互作用以外に，解離した残存シラノール基による不均一なイオン交換相互作用が加わるために，塩基性化合物のピークテーリングが発現します．

高純度シリカゲルのシラノール基のpK_a値は7付近にあるといわれています．したがって，酸性の移動相条件下では，塩基性化合物はプロトン化しますが，残存シラノール基は非解離となっているため，イオン的な相互作用はほとんどなくなります．一方，塩基性の移動相条件下では，残存シラノール基は解離しますが，芳香族アミンなどの弱い塩基性化合物ではプロトン化しなくなるため，イオン的な相互作用が認められなくなることがあります．高いpK_a値をもつ脂肪族アミンや第四級アンモニウム塩は，pH＝10程度の塩基性移動相中でもプロトン化したままですから，ピークテーリングは残ったままになります．

なお，中性の移動相でもカラム温度が高いほど，また塩濃度が高いほどテーリングが改善されます．カラム温度が高いと移動相の粘度が下がり拡散係数が高くなるうえ，溶質の分子運動が活発になり，イオン的な相互作用による不均一性を緩和することからピーク形状が改善されます．また，移動相中の塩濃度が高い場合は，塩基性化合物と残存シラノール基とのイオン的相互作用において，競合するイオンが加わるために，相互作用を減らすことができます．

Question

32 キラル固定相を用いたキラル分離において，**不斉中心から官能基 (OH 基，NH₂ 基，Ph 基など) がどのくらい離れると不斉認識しなくなる**のでしょうか．カラムによって異なるとは思いますが，そのような知見があれば教えてください．

Answer

　キラル固定相を用いたキラル分離では，固定相のキラルセレクターと試料との間のジアステレオメリックな相互作用にもとづいて分離が達成されますので，相互作用が発現する部位として，試料の化学構造中の官能基の存在が重要です．どのような官能基が存在すると分離しやすいかについては，ある程度の経験則はあり，それについては，本シリーズの前書でも解説されています．

　一般に，不斉中心と官能基が近くにあるほど，分離しやすくなるといえますが，本設問の「官能基がどれくらい離れると不斉認識しなくなるか」という点については，一般的な回答は難しいといえます．現在の知見としては，特に低分子系キラル固定相の場合，不斉炭素に官能基が直結している化合物は，かなりの高い確率で分離できるといえます．例えば，α-アミノ酸は配位子交換系のキラル固定相を用いると，ほとんどの化合物は分離可能ですし，不斉炭素に第一級アミノ基が直結している化合物が，クラウンエーテル型のキラル固定相で分離できる可能性が大きいといえます．

　不斉炭素の隣の炭素に官能基がある場合も，分離しやすい構造であるといえます．ある官能基がキラル分離に寄与するといえるのは，不斉中心との距離が C3〜C5 程度までが目安のように考えられますが，不斉中心と C2 以上離れた場合，分子全体の構造や，キラル固定相との相性の問題になりますので，一般的に，官能基がどれくらい離れると不斉認識しなくなるかとはいえません．構造によっては，官能基が離れている方が分離がよいという化合物もあり得ます．

　現状では，キラル固定相を選択する場合は，官能基によって候補となる固定相を選択し，実際に測定して，試行錯誤することになります．この場合，カラムメーカーなどが公開している分離データ集が，有力な参考資料になります．

液体クロマトグラフィー研究懇談会 編，"誰にも聞けなかった HPLC Q&A 液クロ犬の巻"，Q26，筑波出版会 (2004)．

Question

33 シクロデキストリン充塡剤のキラル分離メカニズムを教えてください.

Answer

シクロデキストリン (CD) をシリカゲルに化学結合した充塡剤は, キラル分離に大変有効であり, 多くの分析に応用されています.

CD は D-グルコピラノースが環状につながった円錐台形の分子で, 6個, 7個および8個つながったものがあり, それぞれ α-CD, β-CD および γ-CD とよばれています. 環の内側が疎水性なので, 環内部に疎水性化合物を取り込む性質があります. 特に β-CD は, 芳香環を環の内部に取り込むのにちょうどよい大きさのため多用されており, その包接作用がキラル分離に寄与しています. 環の外側は, D-グルコピラノースの 2, 3, 6 位の水酸基があるため親水性です. この水酸基による水素結合作用もキラル分離に寄与しています.

このように, CD の包接作用と水素結合作用によりキラル分離が達成されるので, 芳香環など包接されやすい部分と, 水素結合可能な部分をもつ化合物が, 分析対象物の候補となります. 環の外側にある水酸基を誘導体化して水素結合能力を高めた固定相や, π 電子相互作用など他の相互作用機能を付加した固定相も市販されており, 分析対象の適用範囲が広くなっています.

表 1 市販シクロデキストリンカラム一覧表 (β-CD およびその誘導体化固定相のみ掲載)

製 品 名	固 定 相	メーカー (代理店)
ChiraDex	β-CD	Merck (メルク)
Chiral CD-Ph	フェニルカルバメート化 β-CD	資生堂
CYCLOBOND I 2000	β-CD	Astec (東京化成)
CYCLOBOND I 2000 AC	アセチル化 β-CD	Astec (東京化成)
CYCLOBOND I 2000 DM	メチル化 β-CD	Astec (東京化成)
CYCLOBOND I 2000 HP-RSP/RSP/SP	ヒドロキシプロピル化 β-CD	Astec (東京化成)
CYCLOBOND I 2000 RN/SN	ナフチルエチルカルバメート化 β-CD	Astec (東京化成)
CYCLOBOND I 2000 DMP	3,5-ジメチルフェニルカルバメート化 β-CD	Astec (東京化成)
Nucleodex β-OH	β-CD	Nagel (ケムコ)
Nucleodex β-PM	メチル化 β-CD	Nagel (ケムコ)
ORpak CDB-453 HQ	β-CD (ポリマー基材)	昭和電工
ORpak CDBS-453	β-CD	昭和電工
SUMICHIRAL OA-7000	β-CD	住化分析センター
SUMICHIRAL OA-7100	β-CD	住化分析センター
SUMICHIRAL OA-7500	メチル化 β-CD	住化分析センター
YMC Chiral CD BR	臭素化 β-CD	ワイエムシイ

Question

34 HPLCのキラル固定相で**キラル化合物を測定して「光学純度」を算出する場合**，ピーク面積値からどのように計算すればよいのですか．

Answer

　光学異性体の混合物試料中の一方の光学活性体の割合を光学純度といいますが，光学純度の定義は，通常，光学異性体混合物の試料の比旋光度を，純粋な光学活性体の比旋光度で割って％表示した数値です．最近では，旋光度を測定せずに，クロマトグラフィーやNMRを利用して，光学異性体比を算出することが多いのですが，この場合は，光学純度とはいわず，光学異性体過剰率（enantiomeric excess；% e.e.）で表します．光学異性体過剰率は，R体，S体の含量をそれぞれR，Sとし，$R>S$とした場合，以下の式で算出され，通常，その値は光学純度と一致します．例えば，光学異性体の存在比が9：1の場合，% e.e.＝80％ であり，ラセミ体（光学異性体の等量混合物）は，% e.e.＝0％ となります．

$$\% \text{ e.e.} = 100 \times (R-S)/(R+S) \quad (R>S \text{ の場合})$$

　キラル固定相を用いて光学異性体を分離する場合，光学異性体の検出器に対する応答は同じで，それぞれのピーク面積値がその含量に比例しますので，R体，S体のピーク面積値を上記の式のR，Sに代入すれば，光学異性体過剰率を求めることができます．一般にクロマトグラフィーによる測定は，旋光度測定よりも精度がよく，最近は多用されていますが，光学異性体の分離が不十分な場合や，一方のピークのテーリングが大きいような場合，正確に算出しにくいこともあります．

太田博道，入門講座「立体化学入門」，ぶんせき，**1**，2 (2005)．

Question

35 キラル固定相の性能評価値として，文献や資料に，よく分離係数（α）が記載されています．**分離係数は，どの程度以上あれば，良好にキラル分離が可能**なのでしょうか．

Answer

キラル固定相の性能評価値として，分離係数（α）が記載されていることが多いようです．これは，分離係数（α）が理論段数などのカラム個体の性能に依存せず，測定条件が変わっても大きく値が変化しないので，キラル固定相がある化合物に対して，どの程度の不斉認識能を示すかを，一般的に示す数値であるからです．したがって，キラル固定相を選択する場合，まず，分離係数（α）に着目し，その値が大きいものを候補にすることになります．

しかし，実際にカラムを選択する際には，各成分ピークの広がりを考慮する必要があり，分離度（R）が重要な指標になります．分離度は，次式で算出されます．

$$R = (\alpha-1)/\alpha \cdot (\sqrt{N}/4) \cdot k/(k+1)$$

ここで，N は理論段数，k' は試料の保持係数を示します．分離度（R）は，使用するカラムの性能（充塡状態や理論段数）や，移動相などの測定条件に依存します．一般に，$R \geq 1.5$ の場合，2成分が完全に分離したと見なされますが，$R \geq 1.25$ 程度で，通常の光学異性体分離分析は可能です．$R \geq 1.25$ を得るのに必要な分離係数（α）を計算すると，$N=5000$ のカラムでは，$k=5$ の試料の場合，$\alpha \geq 1.09$，$k=10$ の試料の場合，$\alpha \geq 1.08$ となります．市販のキラル固定相では，25 cm カラムで，N は十分 5000 以上ありますので，$\alpha \geq 1.1$ 程度であれば，良好な分離が得られることになります．

実際には，ピークテーリングが大きい場合など，分離係数の値だけでは判定できないので，キラル固定相の選択には，実際に試料を測定し，移動相などの測定条件を最適化して，決定する必要があります．また，分取目的の場合は，さらに大きな分離係数が必要で，$\alpha \geq 1.2$ が望ましいといえます．

液体クロマトグラフィー研究懇談会 編，"誰にも聞けなかった HPLC Q&A 液クロ虎の巻"，Q4，筑波出版会 (2001)．

Question 36

充塡カラムを用いた超臨界流体クロマトグラフィーでは，どのような検出器が利用できますか．

Answer

　超臨界流体クロマトグラフィー（SFC）の検出器を調べてみると，HPLC用の各種光学検出器，GC用の各種イオン化検出器など種々の検出器が使用されています．最も多く利用されている検出器は，紫外可視検出器（フォトダイオードアレイ検出器も含む）です．その他，FID検出器，質量分析計，フーリエ変換赤外分光光度計，蒸発光散乱検出器，蛍光検出器，NMRなど数多くの検出器の利用例が報告されています．

　充塡カラムを用いたSFCでは，紫外可視検出器などの光を利用した検出器を使用する場合が多く，使用するときには，高耐圧セルが必要となります．これは，SFCの場合には，超臨界状態にするためにカラムの下流側に背圧をかける必要があるためです．また，FID検出器や質量分析計，蒸発光散乱検出器などは，検出時に大気圧，または，それ以下の減圧状態となるため，通常カラム出口にスプリッターを用いて，リストリクターを通じて溶出してきた成分の一部を，検出器に導入する方式が利用されています．この方法は，カラムから分離溶出してきた試料のほとんどの成分を分取することも可能となります．さらに，複数の種類の検出器を同時に利用することもできるため，クロマトグラムのピーク情報を多く得ることが可能となります．多く利用されている検出器と特長のある検出器を簡単に紹介します．

1. 紫外可視検出器，フォトダイオードアレイ検出器

　基本的には，HPLC用の検出器を利用することができます．通常30～40 MPa程度の耐圧性能を有するセルを用います．二酸化炭素は，190 nm付近のような短波長領域でも十分な透過率をもち，短波長領域しか吸収のない成分でも検出できることが可能です．しかしながら，モディファイヤーを用いた場合は，検出波長領域によっては，その吸収による影響で検出することができないこともあります．フォトダイオードアレイ検出器は，溶出した成分のピークのスペクトル情報を得ることができるため，定性にも有効に利用できます．

2. フーリエ変換赤外分光光度計（FTIR）

　IR検出では，HPLCの場合は，溶媒の吸収により利用できない場合がありますが，SFCの場合は，HPLCよりも溶媒による影響が少なくなります．超臨界二酸化炭素を用いたSFCでは，800～2 200 cm^{-1} と 2 500～3 500 cm^{-1} 付近の中赤外領域での検出が可能です．高耐圧フローセルを用いた方法でSFC-FTIR検出が比較的簡単に利用できます．脂質などの成分や高分子成分などの検出に有効です．セルは，温度，圧力，耐溶媒性，赤外光の透過性から窓板の材料としてZnS，または，ZnSeが多く利用されています．80℃，30 MPaまでの圧力と温度に対応できます．用途によって，光路長は0.1～10 mm程度まで設計することができます．また，

さらに高温，高圧下で使用する場合や分取などの用途には，分析用の透過型のセルよりは，感度が低下しますが，ロッド型 ATR を用いたフローセルなども利用できます．

3. 蒸発光散乱検出器（ELSD）

不揮発性成分の検出に利用でき，特に UV 吸収が短波長側しかない成分や UV 吸収がほとんどない成分などの検出に適しています．検出したい成分は，カラムから溶出後，スプリッターに入り，一部が検出器に導かれます．検出の原理を簡単に説明します．まず，カラムから溶出してきた成分溶液は，検出器の入り口に配置されているネブライザーにより噴霧され，減圧された移動相流体がガス化し，検出目的成分が粒子状態となります．この分析目的成分がレーザー光ビームを照射しているフローセル部を通過する間に，散乱された光が検出されます．

4. 水素炎イオン化検出器（FID）

FID は，多くの場合は，キャピラリーカラム SFC に使用されていますが，充填カラム SFC でも使用することができます．二酸化炭素の流量が多い測定条件の場合は，カラムの下流にスプリッターを取り付け，溶出した一部を FID 検出器へ導く方法を用いることになります．この方法では，スプリッターと背圧制御部の間にフローセルを用いる検出器もシステムに接続することができ，同時に複数の検出器での測定を行うことが可能となります．UV 吸収の小さな成分の検出に有効に利用できます．FID 検出器では，有機溶媒などのモディファイヤーを用いた場合は，バックグラウンドが高くなり，利用することが困難となる場合があります．

5. 質量分析計

SFC/MS は，GC/MS，LC/MS と同様に，分離した成分の質量による定性情報を得ることができる強力な検出器となります．分離した成分や溶離流体条件によって，インターフェースを選択する必要があります．基本的には，充填カラム SFC では，LC/MS 用のインターフェースのほとんどが利用できますが，MS のメーカーに SFC に利用できるインターフェースの種類を確認してください．カラムの内径 2.1 mm 以上の充填カラムでは，前記に説明したように，スプリッターにより溶出流体の一部を MS に導入する方法が一般的に行われています．内径の小さな 1 mm 以下のカラムを用いている場合は，直接導入する方式ができます．インターフェースの種類は，大気圧化学イオン化（Atmospheric Pressure Chemical Ionization：APCI），エレクトロスプレーイオン化（Electrospray Ionization）などが主流となっています．

インターフェースに接続するリストリクターは，フューズドシリカなどのキャピラリーに溶融フリットを入れたインテグラル型リストリクターを用いて導入直前まで圧力を保ち，加熱ができるなどの工夫が行われている方式もあります．

各種植物油中のグリセライドを SFC/MS にて測定したデータを，図1に示します．

「液クロ龍の巻」"Q14 SFC と HPLC や GC との違いは何ですか？"に，検出器の接続方法についての記述などがありますので，ご参照ください．

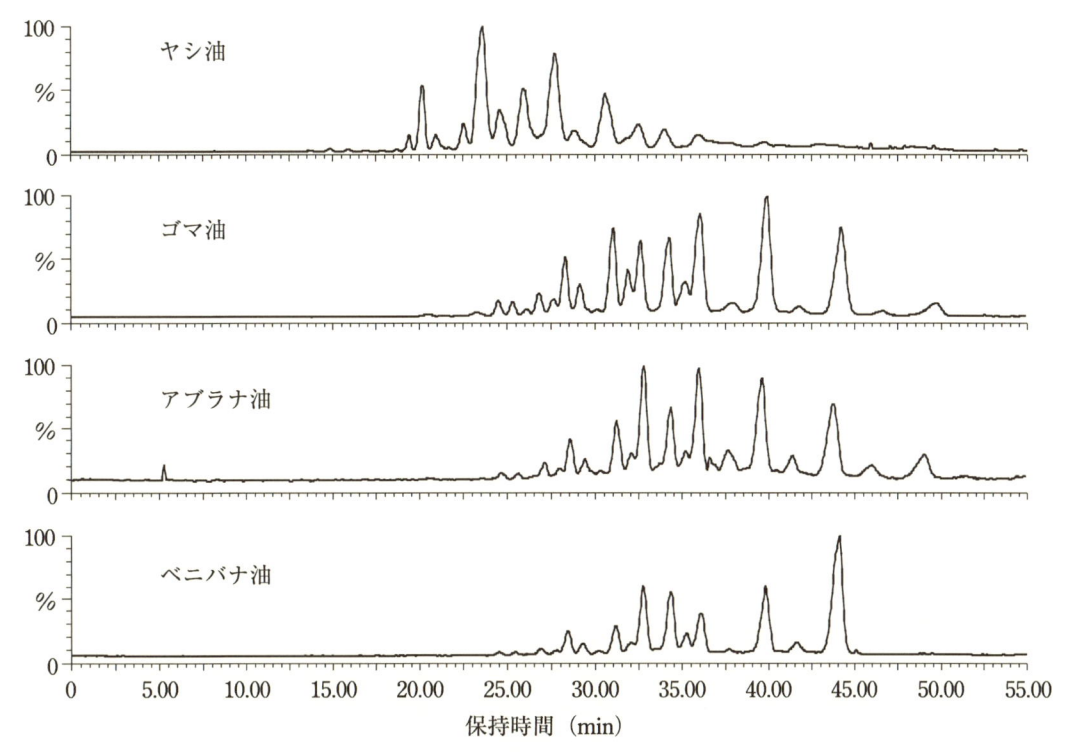

カラム：SFCpak Ag(4.6 mm i.d.×150 mm)
移動相：二酸化炭素
流　速：2.0 mL/min(−10℃)
モディファイヤー：MeCN；流速 0.1〜0.2 mL/min(60 min, linear)
背　圧：20 MPa
カラム温度：100℃ to 40℃(−1℃/min)；MS＝APCl$^+$

図1　トリグリセリドのトータルイオンクロマトグラム

Question 37　SFCとHPLCでは，どの程度の分離効率の違いがあるのですか．

Answer

　超臨界流体クロマトグラフィー（SFC）は，移動相として用いる超臨界流体の高い拡散係数と低粘度という特性から，高速液体クロマトグラフィーよりも効率のよい測定ができるといわれています．では，どの程度違うのか？　というご質問ですが，測定条件や測定対象成分の違いによっても異なりますが，一つの例として，光学異性体分離用カラム（充填剤粒子径 10 μm）を用いて，SFCとHPLCで同じ試料を測定し，理論段高さと移動相の線流速の関係を示した H-u 曲線を作成して比較した例を，図1に紹介します．

〈測定条件〉
　カ ラ ム：CHIRALCEL OD
　　　　　　（4.6 mm i.d.×250 mm）
　検出波長：230 nm
　試　　料：t-スチルベンオキサイド
HPLC
　移 動 相：ヘキサン/イソプロピルアルコール
　　　　　　（60/40）
　流　　量：0.5 mL/min
　カラム温度：40℃
SFC
　移 動 相：CO_2（3.0 mL/min）＋
　　　　　　メタノール（0.1 mL/min）
　カラム温度：40℃
　圧　　力：20 MPa

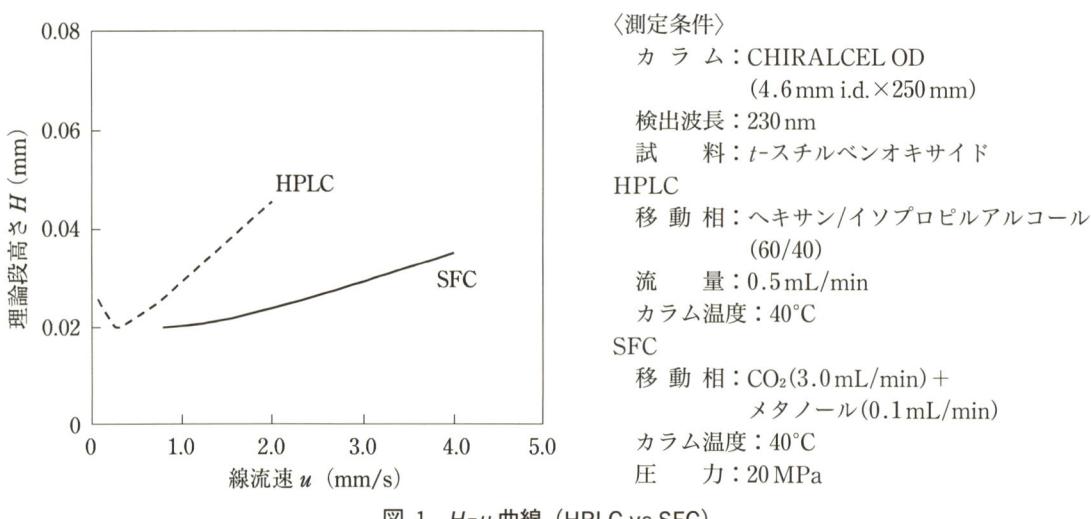

図1　H-u 曲線（HPLC vs SFC）

　この結果からわかるように，SFCはHPLCと比較して，移動相の線流速が速い領域で測定しても，高い効率で測定できることがわかります．そのため，同じカラムでも，HPLCと比較して単位時間当たりの分離能力が高く，分離時間を短くすることができます．この結果では，HPLCとほぼ同じ分離を示すクロマトグラムを，SFCでは1/2〜1/8程度の短時間で得られています．光学異性体分離カラム（4.6 mm i.d.×250 mm）を使用して，HPLCとSFCを用いて同じ程度の分離度を得る条件で分析時間を比較した分離例を，図2に示します．約半分の分析時間で分離が行われています．

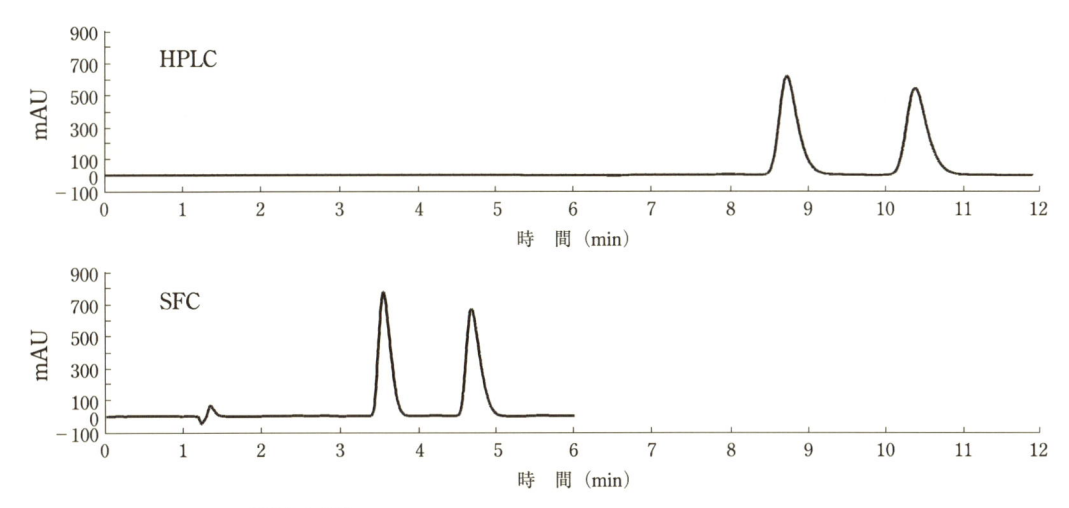

〈測定条件〉
　　カ ラ ム：CHIRALCEL OD(4.6 mm i.d.×250 mm)
　　検出波長：230 nm
　　試　　料：t-スチルベンオキサイド
HPLC
　　移 動 相：ヘキサン/イソプロピルアルコール(60/40)
　　流　　量：0.5 mL/min
　　カラム温度：40℃
SFC
　　移 動 相：CO_2(3.0 mL/min)＋メタノール(0.1 mL/min)
　　カラム温度：40℃
　　圧　　力：20 MPa

図2　HPLCとSFCによる分析データの比較

2章　検出・解析

Question

38 送液がうまくできないのですが，どんなことが考えられますか．どのように対処すればいいでしょうか．

Answer

「うまく送液できない」というのは，まったく送液できない場合と，圧力変動が激しく安定した流速で送液できない場合とがあると思います．また，状況としては，しばらくポンプを使用していなくて久しぶりに動かした，組成や種類の異なる移動相に切り替えた，同じ組成・種類の移動相を流しているにもかかわらず突然に，などが想定できます．

1. チェックバルブの機能

汎用されているHPLC用の送液ポンプのほとんどが，その心臓部にポンプヘッドとよばれる部品があり，そのポンプヘッドには，移動相の吸引側と吐出側にチェックバルブが備わっています．チェックバルブは，一般的にルビーかセラミック製のボール，サファイヤ製の弁座，ハウジングから構成されます．ポンプヘッドの中では，プランジャーが往復運動をしていますが，このプランジャーの動きに連動して，吸引側のバルブが開いているときは吐出側バルブが閉じ，吐出側バルブが開いているときは吸引側バルブが閉じるという繰返しを行っています．このバルブの開閉がスムーズに行われないと，移動相の送液に支障をきたします．

このバルブの開閉は，気泡や固形の物質が入るとうまく行われなくなります．最近のチェックバルブには，ポンプメーカーごとにさまざまな工夫が施され，少々の気泡であれば強制的に追い出してすぐに復旧するようになっていますが，チェックバルブ内部の部品が汚れていたり，極端に大きな気泡が入り込むと，気泡を追い出しきれなくなり，送液がまったく行われなくなったり，不規則になります．固形の物質が弁座やルビーボールの表面に付着した場合にも，バルブの開閉動作が円滑に行われず送液が不規則になります．

2. チェックバルブ内の気泡の原因

チェックバルブに気泡が生じる可能性としては，移動送に含まれる溶存空気がポンプヘッド内で吸引される際に陰圧になるため，気泡として発生することが考えられます．この可能性を回避するためには，移動相をあらかじめ十分に脱気するかオンライン脱気装置を用いるなどの方策をとるべきでしょう．特に，逆相分離系に使用する有機溶媒と水との混合溶媒では気泡が発生しやすいため，十分な脱気が必要です．グラジエント溶出で複数の移動相を用意する場合には，可能な限り，用意する両移動相とも最初から水と有機溶媒との混合溶媒を用いることをおすすめします．また，このようなことが原因で気泡が発生して送液が不安定になる場合には，ドレインバルブを開放して流速を上げてしばらく移動相を流すか，ドレイン側から強制的に吸引するなどの操作で気泡を取り除き，復旧させることが可能な場合が多いと思います．こうした措置をしても，しばらくすると同様なことがときどき起きる場合には，チェックバルブが汚

れている可能性がありますから，バルブをポンプヘッドからはずし，水や有機溶媒（イソプロパノールなど）に浸し（ビーカーなどで）超音波洗浄器上で洗浄することをおすすめします．さらに，アスピレーター（吸引装置）などを使用して弁座部分に強制的に溶媒を通すことで，解消されることもあります．

3. チェックバルブ内の固形物質

一方，チェックバルブに固形の物質が入り込む原因としては，プランジャーシール（ポンプヘッド内の部品）が磨耗して，その微小片が付着することが考えられます．また，塩を含む緩衝液のような移動相の使用では，有機溶媒と混合されたり組成が変化することで塩が析出し，その結晶片が弁座に付着することなども考えられます．この場合の対処法としては，前述の気泡の措置の場合と同様の方法で回避できることが多いと思われますが，結晶の析出が原因となる場合には移動相の種類や組成を根本的に見直す必要が出てきます．また，気泡の場合と同じ措置では除去できないこともありますから，この場合にはチェックバルブを分解して洗浄する必要があります．最近のバルブは構造が複雑なものもあり，素人が分解洗浄するのは難しいことがあります．この場合には，チェックバルブごと交換する必要があります．余裕がある場合には，チェックバルブだけを複数用意しておくのも有効な手段だと思います．

4. その他の原因

このほかに，ポンプヘッドのプランジャー部分の損傷などで液漏れを生じ，これが原因となって送液が不安定になることもあります．この場合には，周期的にわずかな圧力変動を伴うことが多いと思われます．このような場合には，プランジャーシールの交換，プランジャー自体の交換などが必要になってきます．

いずれにしても，ポンプに流す溶媒の組成や種類が極端に変化するような状況は避けた方がよいと思いますし，しばらくぶりにポンプを使用するようなときは，移動相をいきなり流さずに，例えば，水のみを流してポンプ送液のようすを見る（カラムははずして）ことをおすすめします．

Question

39 キャピラリーLC用のインジェクターバルブ/オートサンプラーは，μL以下の注入をどのようにして正確に行うことができるのですか．

Answer

1. はじめに

　一般にインジェクターは，液体試料をマイクロシリンジで計量したもの，または規定のサンプルループ容量で計量したものをサンプルループにロードし，これを流路の切替えによりポンプからの高圧流量をカラムへ導入するバルブです．通常20～100 μLのループをマイクロシリンジで満たす六方バルブが使用されます．カラム内径のミクロ化に伴い，移動相の送液量が1 μL/min以下の超低流速になったことで，μL以下の微量注入が可能なマニュアルインジェクターまたはオートサンプラーが開発されています．一般に，低価格で簡易的にキャピラリー・ナノLCを行う場合はマニュアルインジェクターを用い，多数の試料を微量・高精度に，連続的に分析するためにはオートサンプラーが使用されます．

2. マニュアルインジェクター（ナノリッター用）

　手動でマイクロシリンジを用いて注入する際に，微量インジェクターのローター部分に内部型計量ループをもつ工夫が施されて，10～500 nLの一定容量を再現よく注入できるようにしたものが市販されています．この計量部分は，用途に応じて変更が可能です．また，スプリッターを用いたスプリット注入法を用いたものもあります．一定のスプリット比で，注入した試料の一部がカラムに導入されますが，必ずしも良好な精度が得られません．

3. オートサンプラー（ナノリッター用）

　一般にオートサンプラー（ナノリッター用）は，微量試料を精度よくカラムに注入するため，微量用の高気密性のテフロンプランジャー（たとえば，25 μL用ガスタイトシリンジ）を用い，高分解能パルスモーターの駆動により微量計量を行います．さらに，コンベンショナルなオートサンプラーと比較して種々の異なった機能を備えています．一例として，市販されている微量注入向けのオートサンプラーを取り上げて，その特徴を以下に紹介します．

① デュアルニードル方式

　貴重な微量試料をロスなく有効にシステムに導入できるように，試料溶液を前処理せず直接吸引する必要があります．図1に示すように，サンプルニードルの構造は，バイアルのセプタムを突き破るため，先端の尖ったステンレス製ニードルの内側に内径約100 μmのフューズドシリカチューブが入った二重管構造になっています．ステンレス管がバイアルのセプタムを貫通した後，その内側からフューズドシリカチューブが降りてきてサンプル溶液の底部に到達し試料を吸引します．

(a)　　　　　　　　　(b)

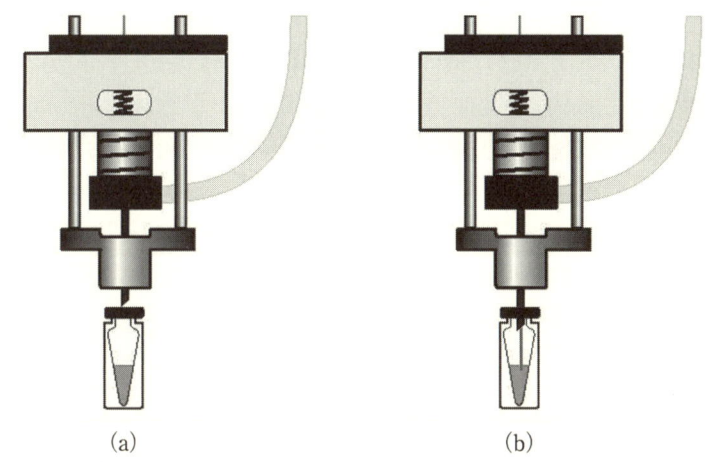

バイアルのセプタムをステンレス製ニードルが突き破るところ (a), ステンレス管の内部からフューズドシリカチューブが降りてサンプル溶液に侵入したところ (b).

図 1　デュアルニードルによる試料の吸引動作

② ヘッドスペース加圧方式

　通常，試料を吸引するマイクロシリンジは気密性の高いガスタイトシリンジが用いられます．マイクロシリンジの陰圧により試料を吸引する際に，試料の粘性，密度などが大きいと，正確な吸引が困難になります．そこで，図2に示すように，デュアルニードル方式のステンレス管とフューズドシリカチューブの隙間からエアーポンプによる空気を送風して，試料の液面を多少加圧することにより試料を吸引しやすくします．この方式は，試料の性状だけでなく1 μL 以下の超微量吸引のときにも効果的に作用します．

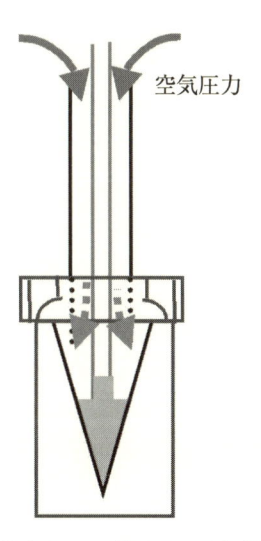

空気圧力

図 2　バイアル内のヘッドスペース加圧方式の模式図

③ マイクロピックアップ注入方式

マイクロピックアップ注入方式は，試料溶液を吸引する前に輸送液を吸引し（図3参照），つづいて試料溶液を吸引した後（図4参照），輸送液を再度吸引して試料の両端に輸送液を挟み込んだ状態でサンプルループへ注入した後（図5参照），バルブの流路を切り替えてカラムへ導入

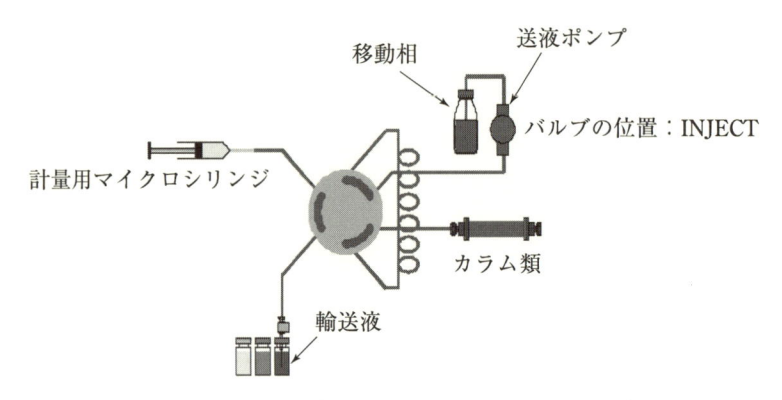

図3 マイクロピックアップ吸引方式によるはじめの輸送液の吸引動作

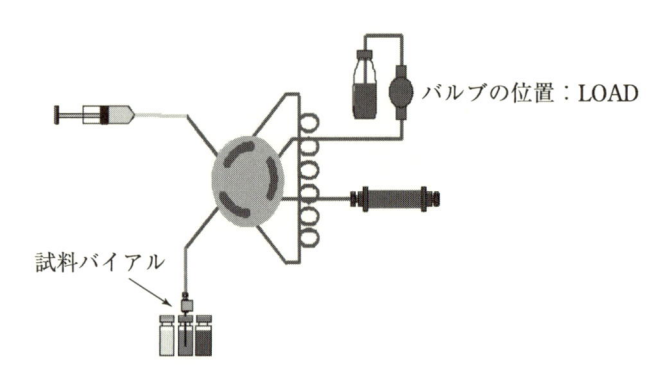

図4 マイクロピックアップ吸引方式による試料の吸引動作

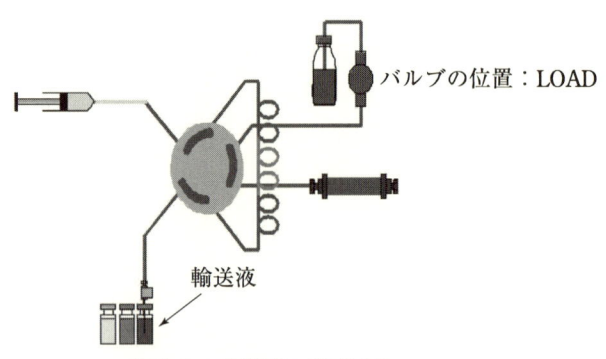

図5 マイクロピックアップ吸引方式による最後の輸送液の吸引動作

する方法です．この方法の特徴は，① 必要な試料量のみ吸引して試料ロスがないこと，② 輸送液がバルブを通過したところで切り替わるため，キャリオーバーを抑制できることです．また，輸送液に最適なものを選択することで，③ サンプルループ内での試料の拡散を抑制できること，④ 配管流路内での試料中の分析対象種の吸着を抑制できること，⑤ カラムヘッドでの試料成分の拡散を抑制できること，などがあげられます．

Question

40 2次元デュアルリニアグラジエントを行う際に，併せて**ハイスループット化をはかる方法**について教えてください．

Answer

1．2次元デュアルリニアグラジエント溶出法を用いる意義

2次元溶出法については「液クロ虎の巻」"Q12 2-D クロマトグラフィーとはどんなもので，どういう効果が期待できますか"に，くわしい解説を掲載していますので参照ください．ここで，2次元デュアルリニアグラジエント溶出法とは，1次元目と2次元目の分離を行う際に両方の溶出法に直線グラジエント溶出法を用いる手法をいい，1次元目にステップワイズ溶出法を組み合わせて行う2次元デュアルグラジエント溶出法と区別しています．

一般に，簡易的に2次元分離を行う場合，1次元目にステップワイズ法による溶出展開を行います．この方法では，2次元目のクロマトグラム間に検出されるピーク成分の中に，溶出位置の同じピーク成分が多数観察されます．これは，1次元目がアイソクラチック溶出法とほとんど同様のため，溶出ピークのテーリングが発生しやすく，各フラクション間で溶出成分が重なることが原因で起こる現象です．

一方，2次元デュアルリニアグラジエントを用いた場合，1次元目にステップワイズ法でなく，直線グラジエントを用いて溶出展開するため，各フラクション間で重複した溶出成分が減少し，かつピーク分離能を増加させることができるので，2次元目のクロマトグラムには重複した成分は検出されなくなります．結果的に，一定の時間内で検出できる総ピーク数が増加します．複雑なマトリックスをもつ試料成分については，ピーク処理能や分解能を増加させるため2次元デュアルリニアグラジエント溶出法が適しています．

2．2次元デュアルグラジエント溶出法の装置構成

2次元分離は，一つの試料に対して多大な分析時間を要します．この分析速度の低下が最大の欠点になっています．すなわち，1次元目のフラクション数に比例して分析時間が長くなります．しかし，この分析時間を縮減する方法がいくつか考えられます．例えば，①2次元目にFast LCを適用して高速で溶出させる，②2次元目に分離能が大きく，ピーク処理速度の大きな分離カラムとしてモノリスカラムを適用する，③カラムスイッチング法を工夫して処理効率を上げる，などがあげられます．この中で，②と③を組み合わせた分析方法について，次に説明します．

3．ハイスループット化に向けた2-Dデュアルリニアグラジエントによる分離

1次元目にSCXカラムを用いた陽イオン交換クロマトグラフィーを，2次元目に逆相分配カラムによる逆相分配クロマトグラフィーを用いたデュアルリニアグラジエントによる装置構成および流路を，図1に示します．この図に示したように，一つの十方切替えバルブに2本の同

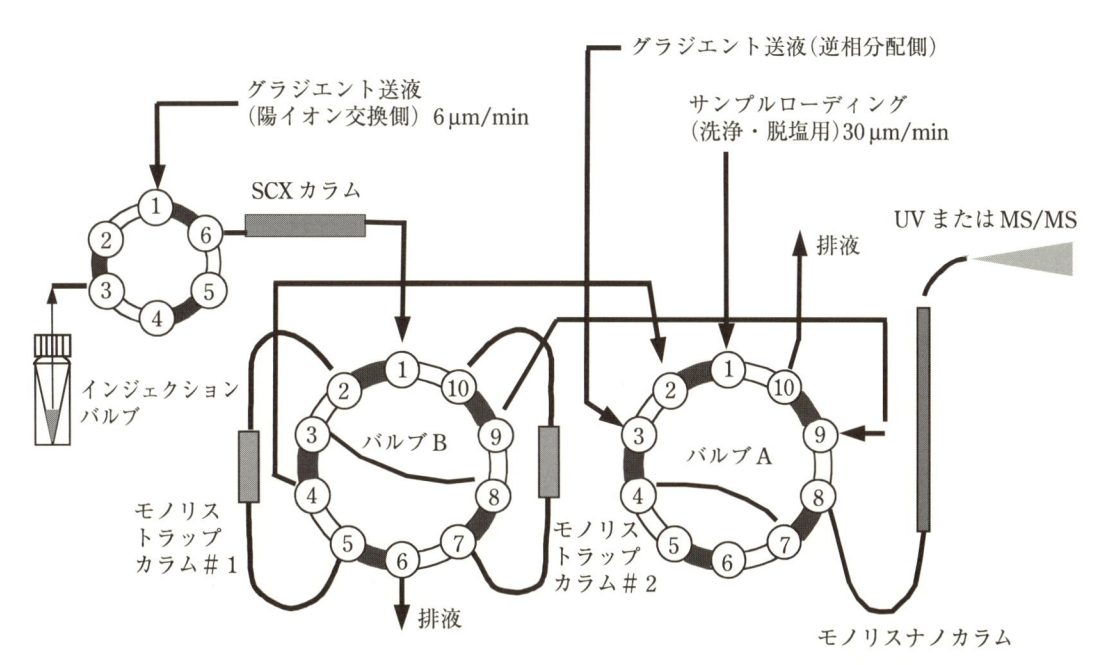

図1 デュアルリニアグラジエントによる2-Dクロマトグラフィーの装置流路図

じ逆相系トラップカラムを用います。試料が導入された後，送液ポンプ#1により，陽イオン交換グラジエントの移動相B液の高い塩濃度（例えば，500 mmol/L）に対して0〜50％（300分間）でリニアグラジエント送液を行います。分析試料の操作の流れは次のとおりです。はじめに，マイクロオートサンプラーから試料20 μLをSCXカラムに導入します。試料溶媒でSCXカラムに保持されなかったペプチド類をモノリストラップカラム#1にトラップし，所定時間後バルブBの流路を切り替えて，ローディングポンプから0.1％のTFA水溶液を送液して流路配管内を洗浄・脱塩の後，バルブAの流路を切り替えてモノリスナノカラムに導入して分離します。モノリスナノカラムで分離が行われている間，SCXカラムから順次溶出したペプチド類はモノリストラップカラム#2にトラップされ，モノリスナノカラムでの分離が完了した後，バルブBの流路を切り替えて，同様の過程で洗浄・脱塩を経てモノリスナノカラムにより分離します。

　以後，この過程を繰り返してSCXカラムから溶出するすべてのフラクション成分をモノリストラップカラムで交互にトラップし，モノリスナノカラムで分離分析します。また，本システムは図2に示すように，モノリスナノカラムの洗浄と平衡化の時間を利用して，次のフラクションの前処理と溶出・脱塩を行います。この手法は，同一の2本のトラップカラムを交互に使用することで前処理を効率よく行い，1本だけで用いて前処理する場合より試料処理速度が2倍になるという特長があり，容易にハイスループット化を達成できます。

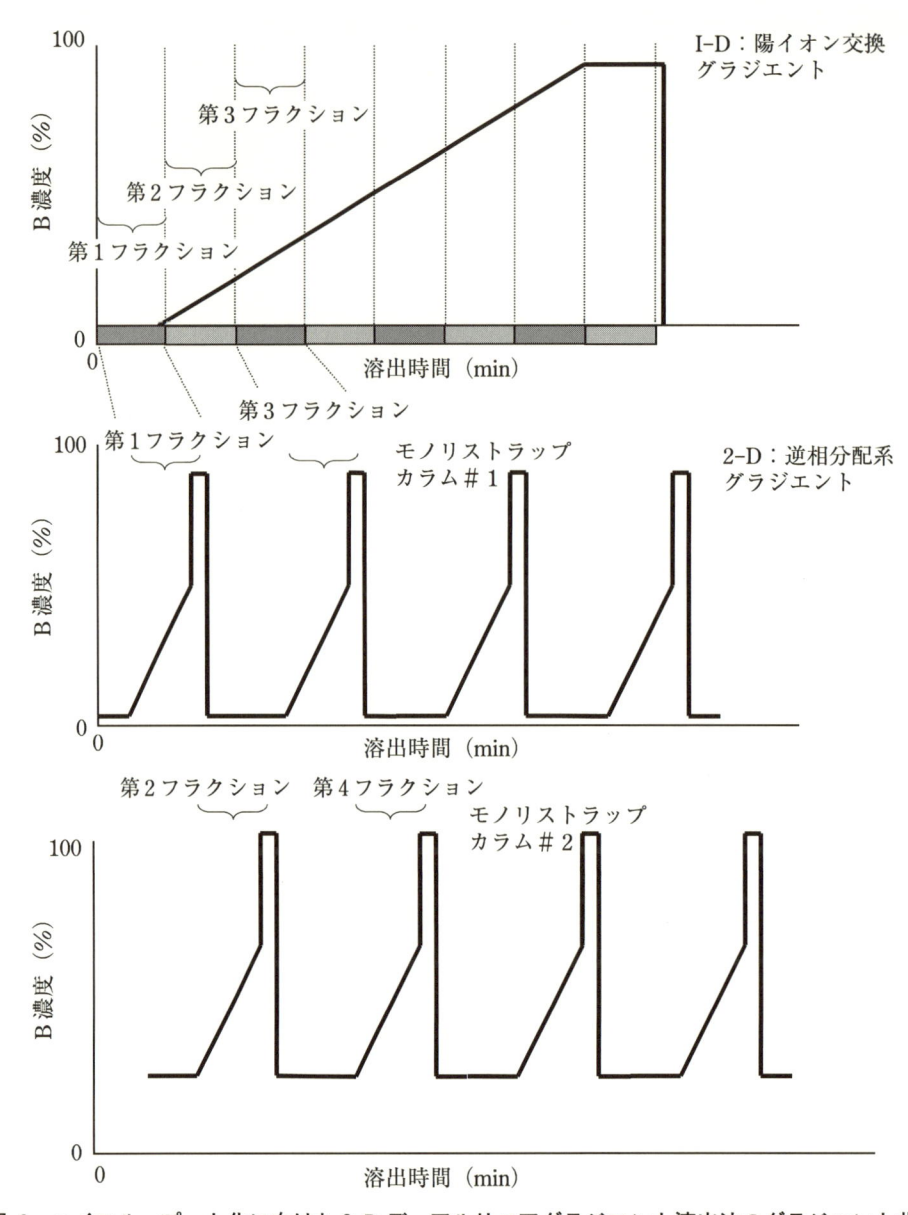

図 2 ハイスループット化に向けた 2-D デュアルリニアグラジエント溶出法のグラジエント曲線

Question

41 実験室にたくさんの装置があり，電圧が不安定な気がします．大丈夫でしょうか．

Answer

　実験室には電圧供給の安定が不可欠です．安定した電圧供給が損なわれると装置の誤動作や停止の原因となり，実験の進行を妨げることになります．電圧が不安定になる要因としては，電力の供給設備の不十分さ，瞬停，ブラウンアウト，サージスパイク，ノイズなどの電源異常（日々発生），また近くで容量の大きな電気機器が起動すると，周囲の電圧が一時的に下がること，などさまざまです．一つのコンセント系に多くの装置をつないでないか確認しましょう．

　通常，実験室のように電源容量の大きな装置を多数使用する施設では，常時インバーター給電方式 UPS（無停電電源装置）が使用されています．常時インバーター給電方式 UPS は入力電圧が変動しても出力電圧が常に一定で，停電時に切替え時間が発生しない無瞬断出力が可能であるため，安定した装置の駆動が可能です．図 1 に，常時インバーター給電方式 UPS の回路図を示します．

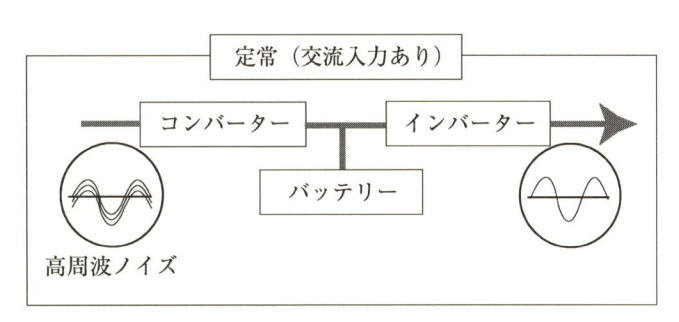

図 1　常時インバーター給電方式UPSの回路図
［日立ハイテクノロジーズ ホームページ］

　常時はインバーターを停止し，コンバーターを通して商用電源から給電します．停電など電源トラブルが発生した場合には，バッテリーからインバーターを通して給電され，無遮断で給電が行えます．また，UPS は電源トラブル時にバッテリーから給電するので，バッテリーが消耗してしまうと電源トラブル時に期待された性能が発揮できなくなります．したがって，バッテリーを定期的に交換することが望まれます．

Question

42 分析機器のマイクロチップ化（小型化）が話題になっていますが，HPLCの状況はどうですか．

Answer

　半導体製造技術を利用して，マイクロチップの上にさまざまな分析計を搭載するμTAS（μ Total Analysis Systems）の開発が盛んに行われています．いつでもどこでも環境測定できる手のひらサイズの分析計や，人体に埋め込んで，健康をいつでもモニターできる計測器は，高速度通信網の時代の必然のニーズでしょう．

　そもそもクロマトグラフィーのマイクロチップ化の開発が始まったのは，四半世紀ほど前に遡ります．米スタンフォード大学のS.C. Terryらが，図1のようなシリコーンウェハー上に注入バルブとカラムと熱伝導度検出器を搭載したガスクロマトグラフを発表したのが最初だと思います．国内でも日立製作所や東芝（ソード），キヤノンなどの半導体製造技術をもつ会社が，GCやLCの研究開発を始めましたが，結局，製品化され現在でも続いているものは，S.C.

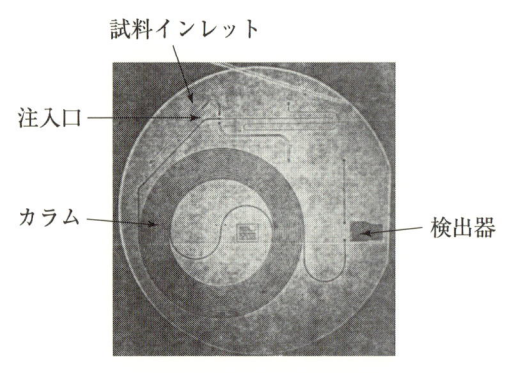

図1　チップ化された最初の分析計
（シリコーンウェハー上のGC）
［J. B. Angell, S. C. Terry, P. W. Barth, *Scientific American*, **36**, No.4 (1983)］

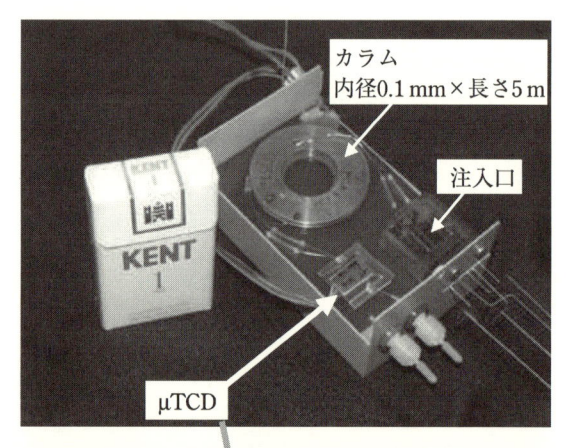

高速分析　600分析/日

図2　市販マイクロチップGC

Terryらの技術を継承した図2のようなガス分析用のGCだけのようです．図2からわかるように，カラムはフューズドシリカカラムを小さく巻いてプレート状のヒーターにのせ，注入バルブと検出器だけをマイクロチップ化しており，最初に発表されたものとは大きく異なっています．注入バルブや検出器などの機構部品と異なり，カラムは消耗品ですから当然かもしれません．もちろん，移動相用のガスボンベや流量制御バルブ，電気制御基板などは別に用意されて，オシロスコープ大のポータブルケースに収納されています．

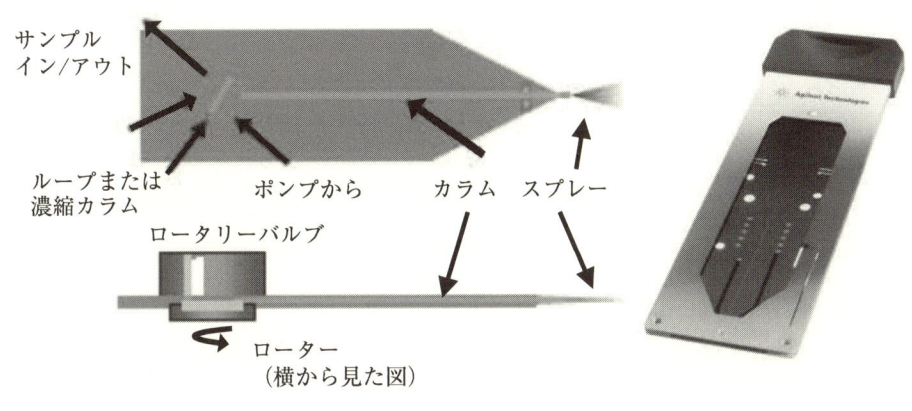

図3 マイクロチップLC（アジレント製）

近年になって，日立ハイテクや島津製作所，アジレントなど国内外の数社から，マイクロチップを注入の場，分離の場，また検出の場として利用する電気泳動装置が発売されました．また，アジレントからは図3のようなMSとのエレクトロスプレーインターフェースとカラムが一体化したHPLC用のマイクロチップが発売されました．このマイクロチップには，機械駆動のロータリーバルブが密接して試料導入を行います．分離分析の心臓部はチップ化が進んできた感じがしますが，ポンプやサンプラーといった主要装置の小型化がこれからの課題でしょう．しかし，今や第二のマイクロチップ化ブームという状況です．多額の国の予算がつぎ込まれ，産官学が一体になって開発を進めています．手のひらにのるHPLCが製品化される土壌はできつつあります．

Question

43 マイクロ化/チップ化したHPLCの利点/欠点，また技術的課題を教えてください．

Answer

　手のひらサイズのHPLCをつくることの意味や課題は後ほど考えるとして，まずは分離や検出の場を小さくすることの利点・欠点をあげてみましょう．

1. マイクロ化の利点・欠点
　① 利　点
　　・移動相が少量 ⇒ 環境にやさしい．高価なNMR試薬やポストカラム試薬が少量ですむ．
　　　　　　　　 ⇒ 希釈が少ないので，極微量の試料に適する → 感度向上
　　　　　　　　 ⇒ 検出器に有利 → 蒸発光散乱検出器など
　　　　　　　　　　　　　　　　→ ナノESI/MSでイオン化効率の増加
　　　　　　　　　　　　　　　　→ FIDやFPDなどのGC用検出器の利用
　　・熱容量が小 ⇒ 温度プログラミングによる溶出，冷却トラップによる大量注入
　② 欠　点
　　・試料注入量の減少 ⇒ プレカラム濃縮の利用などで解決できる．
　　・試料負荷量の減少 ⇒ 微量分析では気にならない．主成分中の微量不純物測定では問題になるが，カラムスイッチング法で解決できる．
　　・ハンドリングのしづらさ

　LCをマイクロ化するメリットは列記したように，確かにありそうです．すでに，タンパク質解析の分野ではキャピラリーLCは不可欠なツールになっています．一般的にクロマトグラフィーでは，移動相で希釈されながら分離されます．生体中の試料量が少なくかつ微量な成分の分析などでは，1 mL/minで流れる系に注入するのと1 μL/minの系に注入するのでは，1000倍も希釈率が変わるわけですから，有利なのは当たり前でしょう．分子生物などの分野では，細胞内の物質の分布や細胞間の信号伝達物質などの解析/定量が求められています．顕微鏡による蛍光可視化などのイメージング技術も発達してきておりますが，さまざまな物質が密にドロドロの状態で詰まった細胞内での物質の変化を測定するには，HPLCは不可欠なツールだと思います．マイクロカラム(キャピラリーカラム)やMSの技術は進歩しておりますが，残念ながらサブナノ～ピコリットルオーダーの試料をサンプリング-前処理してカラムに注入する技術の完成には，多くの時間が必要でしょう．

2. チップ化の利点
　では，マイクロLCをチップLCにするメリットは何でしょうか？　キャピラリーカラムに用いられるフューズドシリカ管は光ファイバーの技術で製作されており，極めて内径精度が高

く，不活性で低価格(数ドル/m)な優れた素材です．それをあえて，プラスチックやガラス，石英板に，溝を彫ってカラムにする必要があるのかという気もします．さらに，○穴とU溝，または□溝では理論段数は変わらないかという問題も残ります．Q42に紹介したシリコーンウェハー上のGCも，さまざまな長さや固定相が必要で，しかもカラムは消耗品ということから，Q42，図2の現代版に変化したわけです．しかし，キャピラリーカラムは扱いにくく，移動相中の拡散スピードの遅いLCでは，配管時のちょっとしたデッドボリュームもピークがブロードになる原因となります．カラムとスプレーをカード状のチップにして，カードを挿すだけでよいアジレントのチップLCシステム（Q42，図3）は，誰でも簡単にカラム交換ができて最適なLCMSのスプレーの位置にセットできるという点で，一つの回答を提案していると思えます．また，チップ化による多系列HPLCも，ハイスループットHPLCの回答の一つであることは間違いありません．

コンビナトリアル合成，創薬，コンビバイオ，臨床診断の世界では，有用な成分を見つける国際間の競争が激化しております．そのため，低価格でハイスループットなHPLCシステムが求められており，8, 12, 96チャネルといった多系列のHPLCシステムの開発も行われております．チップ化はカラム間の間隔も短くでき小型化には適しますが，1本のカラムが駄目になったら，全部を交換するのか…という点も気になるところです．汎用性・多目的を重視するなら，フューズドシリカキャピラリーカラムが有利です．検出や流量制御デバイスチップだけが利用されるでしょう．また，特定の用途（Dedicated System）でスループットを重視するなら，カラムを含めてチップ化の集積度は上がってくるでしょう．

要は，チップ化の必然性をどこに見出すかによって，さまざまなタイプのチップLC，またはチップを使用したLCが提案されていくことと思います．

3. 技術的課題，その他

どうやら，ロケットに積んで他の天体のアミノ酸調査に行くLC以外は，1枚のチップ上にすべての機能を搭載する意味は少なそうです．目的に応じて，各機能のチップを組み合わせて利用するのがベストです．各機能部のチップ化の状況・課題を以下にまとめますが，よいコネクター・ジョイントが提案されることが，チップLCが普及していく最大の課題でしょう．

① 送液ポンプ

高圧をつくり出すためのマイクロアクチュエーターは，Twente工科大学などから提案されています．また，電気浸透流を利用するタイプなども提案されており，LCのポータブル化の必然性があれば実用化されるのは時間の問題でしょう．一方，多系列LCに対する送液システムは，最近になって，精度のよい流量制御バルブが開発されております．通常のレシプロポンプを複数台数並べるのに対し，価格メリットが出てきます．

② ミキサー

微小空間を流れる流体は，混ざりにくいという性質をもっています．混合効率を高めるのに，また多系列に対応するためにチップ化はよい方法です．

③ 試 料 導 入

　電気浸透流による試料導入，試料と移動相の圧力差を切り換えるもの，機械式のマイクロ切換えバルブなど，種々の方法が発表されています．カラムの効率を損なわず，微量の試料をロスせず，なるべく全量をカラムに入れられることが課題になります．注入時の試料バンドの広がりは，移動相組成の調整や冷却トラップによりある程度防げますが，微量試料のハンドリングに関しては，課題が残っています．

④ カ ラ ム

　最近のキャピラリーカラムは，均一にそろった微小粒子径の充填剤やモノリス技術により，極めて高い性能が出るようになりました．多系列のチップ状カラムでも同じ技術が適用できます．さらに，ポリマーモノリスカラムなどは，チップ上に彫った多系列のマイクロチャネルに原料を入れ，UV照射による重合法でつくることもできます．問題は，同一チップ状の複数のカラムの性能を均一にできるかどうかというところでしょう．

⑤ 検 出 部

　UVや蛍光光度検出器などの光学的な検出器は，物理的にモノクロメーターのサイズ＝性能ということができます．したがって，検出器そのものを小さくすることには限界があります．しかし，UV透過率の高い光ファイバーの出現によって，セル部だけをカラムの出口に設置することや，光を分岐することができるようになりました．また単一波長であれば，紫外光を取り出すことのできる発光ダイオードが実用化されつつあります．電気化学や電気伝導度検出器などは原理上，チップ化，多系列化は容易です．検出部の多系列化で最大の課題は，MSとの接続でしょう．コンビケム用のLCMSでは，多系列LCに対するインターフェースが商品化されていますが，マイクロレベルでは困難です．

　コンベンショナルLCからセミミクロ，ミクロ，ナノLCとダウンサイジング化が進むにつれ，反比例してハンドリングが難しくなります．分析の高速化，多系列同時分析などのニーズが増えてくるとともに，マイクロチップ化も進んでくるのではないでしょうか．

Question

44 装置内部が汚れたときの適切な(効果的な)洗浄方法 を教えてください．

Answer

　一般に装置内部の汚れは大きく分けて，移動相に起因する場合と試料成分に起因する場合があります．また，新品装置では装置内部の接液部からの汚れもあります．いずれの場合も，何による汚れなのかにより当然洗浄方法も異なるのですが，実際にはこれが明確にわからないことも多くあります．以下に示しますのは，一般的に用いられる洗浄方法です．

① 水による洗浄

　高濃度の緩衝液などを用いている場合，最も基本的な操作です．流路内に残存している塩類の洗出しに有効です．

② 2-プロパノールによる洗浄

　脂溶性の汚れに効果的です．ただし，緩衝液などを使った際には，必ず水で十分流路を洗浄してから使ってください．

③ 0.1％EDTA二ナトリウムによる洗浄

　金属イオンの洗浄に適しています．イオン交換クロマトグラフィーなどではよく用います．また，逆相クロマトグラフィーでも，金属配位性の成分を分析する際に用います．

　その他，新品装置の流路洗浄として1N硝酸水溶液が用いられることがありますが，これはステンレス表面を不活性化する効果があります．

　また，試料によるオートサンプラーまわりの汚れについては，その試料の良溶媒や塩基性物質では酸性水（例えば，過塩素酸水溶液）などで洗浄することが必要ですので，お使いのオートサンプラーの洗浄機能を利用してください．いずれの場合でも，装置を洗浄する際には，基本的にカラムは装置からはずしてください．

Question

45 グラジエント法は設定プログラムより遅れて移動相が混ざり合いますが，遅れ時間の要因は何ですか．また，実際のグラジエント曲線を調べるにはどうしたらよいですか．

Answer

　一般的なグラジエント仕様の HPLC の構成を図1に示します．二つのポンプから吐出された移動相は3のグラジエントミキサーで混合され，4のインジェクターを通り6のカラムに到達します．この部分の配管容積が「分離」への貢献がないことから，グラジエント時のデッドボリュームとなり，「設定プログラムより遅れる」ことの原因です．プログラムスタート時にグラジエントミキサーでに二つの移動相が混ざり始めるため，このデッドボリュームを移動するまで分離への寄与はないわけです．

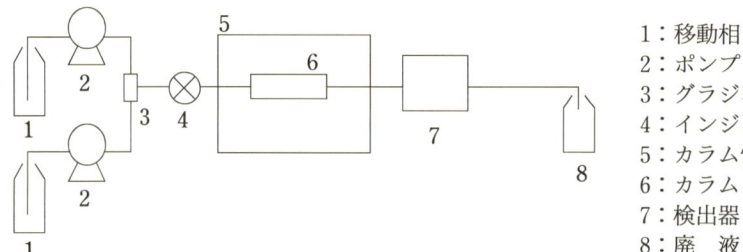

```
1：移動相
2：ポンプ
3：グラジエントミキサー
4：インジェクター
5：カラム恒温槽
6：カラム
7：検出器
8：廃　液
```

図1　グラジエント仕様の HPLC

　デッドボリュームは，グラジエント方式（高圧グラジエント方式，低圧グラジエント方式）や具体的設計仕様，メーカーや機種によっても異なることがあります．このため，配管系はできるだけ短くすることと，小型で効率のよいミキサーを組み込んである装置を使うことが肝要です．

　実際のグラジエント曲線は，使用している装置の取扱説明書などに記載されているハードウエアバリデーション方法のうち，「グラジエント濃度正確さ」の項目を参考にして調べることができます．一例を，以下に示します．

＜グラジエント曲線チェック法の例＞
・分析カラムは用いず，代わりに内径 0.1 mm，長さ 2 m 程度のステンレス配管チューブを抵抗管として用います．
・移動相 A には水を，移動相 B には 0.05％ アセトン水を用います．
・UV 検出器の波長を 265 nm に設定します．
・設定したプログラムをスタートさせます．

　この方法では，移動相 B の 0.05％ アセトン水は吸光度約 0.1 mAU となるので，移動相 B 濃度が増加するにつれ吸光度が上昇し，実際のグラジエント曲線が描かれ，移動相 B が 100％

になったときに吸光度が 0.1 mAU となるわけです．得られたグラジエント曲線に装置上で設定したグラジエント曲線を重ねてみれば，その差やずれが一目瞭然でわかります．

図2はハードウエアバリデーションとして，「グラジエント濃度正確さ」を評価するため，前述の条件で移動相 B を 10% ずつステップワイズ式に濃度変化させた例です．この場合，設定濃度と測定濃度の誤差は 0.1% 以内という良好な結果が得られています．

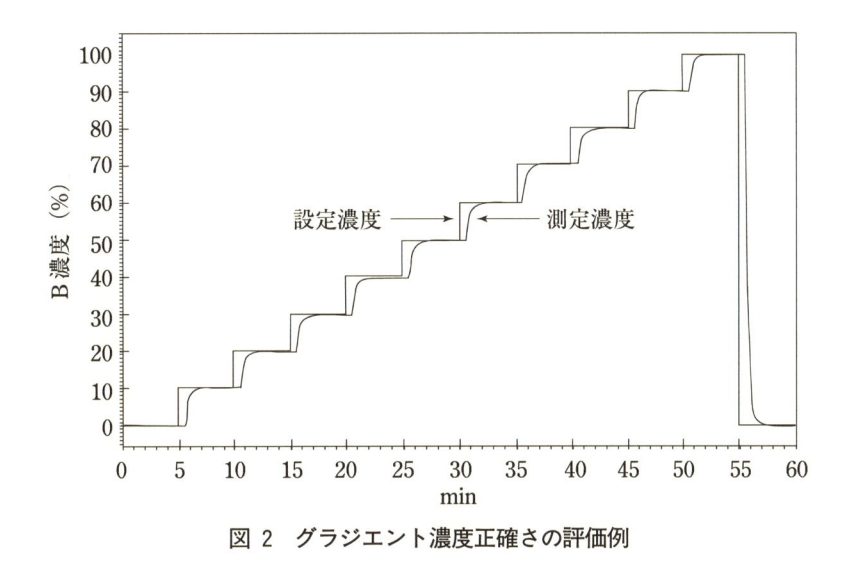

図 2 グラジエント濃度正確さの評価例

なお，アセトン水は脱気装置により微妙な濃度変化を起こす可能性があるため，より正確な測定にはアセトン水の代わりにカフェイン水溶液が用いられる場合があります．

Question

46 高温・高圧水を移動相として利用する HPLC は，どのようなシステムを用意すれば実験できますか．

Answer

移動相に高温・高圧水（論文などでは，Subcritical Water または，Superheated Water と記載されています）を利用する HPLC は，高い効率を期待できる手法であり，かつ，有機溶媒を用いない環境に優しいクロマトグラフィーとして注目されています．

このような測定法を用いるために必要な装置を簡単に紹介します．

送液ポンプは，HPLC 用の通常のポンプを利用することができます．使用するカラムサイズによって，適切な流量範囲の送液ができるポンプで，セミミクロ領域の流量が利用できるものがよいと思います．試料の注入は室温で行われるので，通常のインジェクターまたはオートサンプラーを利用できます．カラム恒温槽は，80〜250℃程度まで（300℃の例などもありますが）の高い温度領域を利用するため，ガスクロマトグラフィー用のカラム恒温槽を利用することができます．

検出は，FID 検出器や UV 検出器などが利用されています．この手法の特徴は，高い温度とするため，圧力が低い状態では移動相溶媒が沸騰してしまうため，カラム内に背圧をかける必要があることです．そのため，リストリクターまたは超臨界流体クロマトグラフィー用の自動背圧制御弁などが必要となります．このため，検出器にも，高耐圧セルや FID の場合は，スプリッターを用いて溶出液の一部を検出に利用する方法も使用することがあります．なお，カラムと検出器の間に，冷却コイルを用いたり，カラム手前に溶離液の温度を事前に高くするためのプレヒートコイルなどを接続しています．

なお，化学結合型充填剤を充填したカラムは，高温下で使用した場合に，結合している官能基の充填剤との結合が切れてしまうことがあります．カラムや充填剤が高い温度でも，劣化や変性しないものを利用することが必要となります．

以上のように，HPLC や GC の装置を利用することにより，高温，高圧水を用いるクロマトグラフィーを利用することができます．

この方法は，「液クロ龍の巻」に記載されている "High Temperature HPLC" と同じです．「液クロ龍の巻」"Q13 最近 "High Temperature HPLC" の論文をよく見かけるようになりました，どういうもので，どんな利点がありますか" を参照してください．

Question 47

充填剤粒子径が 2 μm 以下のカラムを利用した高速分離を行いたいのですが，このような測定に使用する HPLC システムは，どのような部分に注意が必要かを教えてください．

Answer

2 μm 以下の超微粒子充填カラムは，国内，国外のいくつかのメーカーから販売されています．これらの充填カラムを利用したクロマトグラフィーは，FAST-HPLC, UPLC, 超高速液体クロマトグラフィーなどとよばれ，高い効率で，短時間分析ができる手法として，利用されています．

このような測定に使用する HPLC システムは，次のようなポイントが留意点となります．

1. 耐圧性

2 μm 以下の超微粒子充填カラム（カラムの長さや内径，充填剤粒子径や粒度分布，ノンポーラス型やポーラス型などカラムのサイズや充填剤の種類によっても異なります）を使用した場合，高い線流速領域を使用して測定するために，カラム圧力が 30〜80 MPa 程度になることがあります．一般的に使用されている HPLC は，バルブ類の耐圧から，35〜40 MPa 程度が上限となるので，超高速液体クロマトグラフィーを利用する場合には，ポンプからオートサンプラーなどのカラム入口前までの耐圧性が，高いことが必要となります．

2. 検出器やデータ処理における留意点

超高速液体クロマトグラフィーでは，通常の HPLC のピークの 1/5 から 1/10 程度の幅の狭いシャープなピークが検出されます．検出器からの出力やデータ処理装置で，正確にピークを解析（面積や保持時間，ピーク形状など）する性能が必要となります．

検出器からのクロマトグラムデータの出力は，遅い時定数ではなく，速い出力が必要となります．さらに，データ処理を行うためには，1 ピーク当たり 20 点程度のデータポイントが必要となるので，データ処理装置は，多くのデータポイントが取り込める設定にする必要があります．

3. 配管や接続時の注意

ピークの拡がりを抑えるため，試料注入後から検出器までの配管は，内径の小さな 0.05 mm や 0.1 mm のものを使用する必要があります．また，配管の接続については，できるだけ隙間ができないように留意する必要があります．

もちろん，検出器には，シャープなピークの拡がりを抑えた低拡散なセルが必要となります．

Question

48 ポンプから液漏れするのですが，どのようなことが原因でしょうか．どのように対処すればいいでしょうか．

Answer

　「ポンプからの液漏れ」というのは，ポンプヘッドの下部から，あるいはポンプヘッド付近のポンプ底部から移動相がわずかに漏れ出てくることをさしていると思います．この原因の多くは，ポンプヘッドの内部部品の一つでプランジャーシールとよばれる部品が磨耗あるいは傷ついてプランジャーとの接触部から移動相がしみ出し，場合によっては液滴となって落ちてくる状況だと思われます．このような場合には，プランジャーシールの交換が必要となります．プランジャーシールの交換にはある程度慣れが必要になりますが，交換用のキットが用意されている場合が多いので，ポンプメーカーなどに問合せをされるか，交換のサービスを依頼することになります．

　わずかに液漏れする程度の場合には，移動相の組成が変化したときにプランジャーシールの材質によっては膨潤収縮が起き，このために一過性の液漏れが生じていることも考えられます．したがって，少々の液漏れではしばらくようすを見ることも必要でしょう．しばらくして，プランジャーシールの馴染みが安定して液漏れが解消することもあります．

　さらに，プランジャー自体に傷が生じ，ここから液漏れすることもまれにあります．この場合には，プランジャーシールの損傷の場合と同様，自分で交換するキットを入手して交換するか，交換のサービスを依頼することになります．

Question

49 配管チューブの材質や種類がいろいろあって，どのように使い分けするのかわかりません．チューブ内径選択の重要性などと併せて教えてください．

Answer

1. 配管チューブの材質

　液体クロマトグラフィーの配管チューブの材質には，ステンレス，PEEK，テフロンなどがあります．耐圧性能および耐熱性の点では，ステンレス≫PEEK＞テフロンの順になります．したがって，ステンレス管がHPLCの配管としては総合的に優れているといえますが，ステンレスの素材から金属イオンが溶出し，これがタンパク質など生体成分試料の本来の性質を変化させることや，ステンレス管内壁にタンパク質などの生体成分が吸着することが指摘されており，こういった生体成分を扱う分野ではステンレス管の使用が問題となるケースがあります．

　このような点を考慮すると，極端な耐圧性能（300〜350 kg/cm² 以上）を必要としなければ，PEEK製チューブの使用が無難といえます．ただし，PEEK製チューブは曲げや折れに対する自由度が低いため，短い距離を角度を付けて接続するような場合には不利な場合もあります．この点，同じ樹脂製のテフロンチューブはPEEKに比べて曲げに対するフレキシビリティは高いが，耐圧性能が低いためカラム配管などには適していません．テフロンチューブはポストカラム検出の反応用コイルとして使用されるケースが多々見られます．

　特殊な配管としては，ステンレス管内部にガラスをコートしたガラスライニング管がありますが，これはステンレスの耐圧性能とガラスのイナート性能（不規則吸着が低い）を合わせもつことから有用性が指摘されていますが，曲げに対するフレキシビリティが低いことからカラム管としての使用が検討されています．

　さて，こうしたさまざまな材質のチューブには，さらに内径，外径の異なるものが用意されています．外径については，ほとんどのHPLC装置および付属装置が1/16インチの管を接続することを前提としてつくられていることから，よほど特殊な装置を使用しない限り1/16インチ管を使用すると考えてよいと思います．

2. チューブの内径

　内径に関しては，使用する目的，場所によって使い分ける必要があります．汎用される移動相流速が0.5〜数mL/minのHPLCにおいては，インジェクター（試料導入部）とカラム入口との接続，およびカラム出口から検出器までの接続にはできるだけ細い内径（0.13〜0.25 mm）のチューブを使用する必要があります．これは，注入された試料やカラムで分離された成分が接続チューブ内で拡散することを極力避ける必要があるからです．また，この場合には，接続距離（チューブ長さ）もできる限り最短にするように注意する必要があります．ただし，イン

ジェクターとカラム入口の接続に関しては，試料成分からの由来の固体成分が目詰りを生じる危険性もあるため，移動相と異なる溶媒組成の試料や大量の試料注入を想定する場合に限っては，配管の内径をある程度太くする配慮も必要となります．その他の移動相通過部分に関しては，内径が 0.5～0.8 mm 程度のチューブを使用すればよいと思います．

また，ポストカラム検出に用いる反応コイルに使用するチューブの内径は，0.5 mm 程度の配管を用いることが多いと思われますが，移動相流速と反応試薬溶液の流速とに加え，反応に必要な時間を考慮して長さを設定する必要があります．

最近使用されているミクロ LC やマイクロ LC では，前記の汎用 HPLC の場合と異なり，各接続部の配管は当該ＬＣ用に用意されているさらに内径の細いチューブあるいはキャピラリーを使用する必要があります．このような場合には，装置メーカーの推奨する配管部品を使用する必要があります．

Question

50 キャピラリーカラムを接続するときは，どのようなフィッティングを使うと確実に接続できますか．

Answer

　近年，高感度，高分離能などのさまざまな利点を有するキャピラリーLCのニーズが急増しています．キャピラリーLCの普及に伴い，各メーカーより高性能なキャピラリーカラムが次々と販売されています．キャピラリーLCでは，μL/min あるいは nL/min という微少流量を正確に制御する必要があり，高性能な分離を達成するには，カラムの接続をはじめ，フィッティングには細心の注意が必要です．カラム形状はメーカーによって異なるため，不適切なフィッティングはデッドボリュームや液漏れの原因となります．メーカーに問い合わせ，各キャピラリーカラムに適したフィッティングを選択してください．

　キャピラリーカラムには，出口側がフューズドシリカキャピラリーチューブ（以下キャピラリー）のタイプもあります．この場合，市販されているデッドボリュームの小さなユニオン（図1, 図2）やテフロンチューブを用いて接続します．

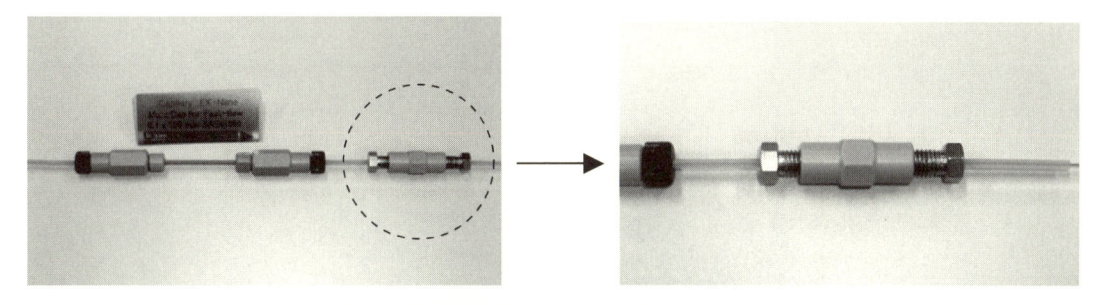

図1　UPCHURCH 社製の NanoTight™ Unions による接続

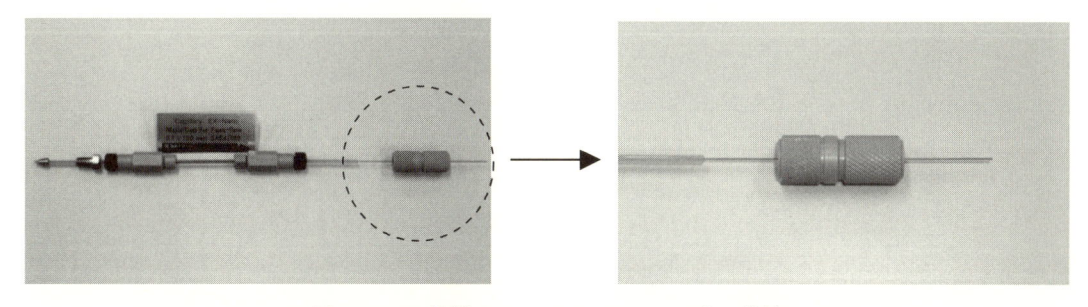

図2　SGE 社製の ProteCol Unions による接続

ユニオン，テフロンチューブによる接続の際，以下の点に注意します．

1. ユニオンによる接続

キャピラリー先端長（キャピラリーを接続したとき，フェラル先端から先に出るキャピラリーの長さ）が短い，接続時にキャピラリーを奥まで押し込まなかった場合（図3），キャピラリー切口が斜めになっている場合（図4）など，ピーク形状の悪化の原因となり，カラム性能を

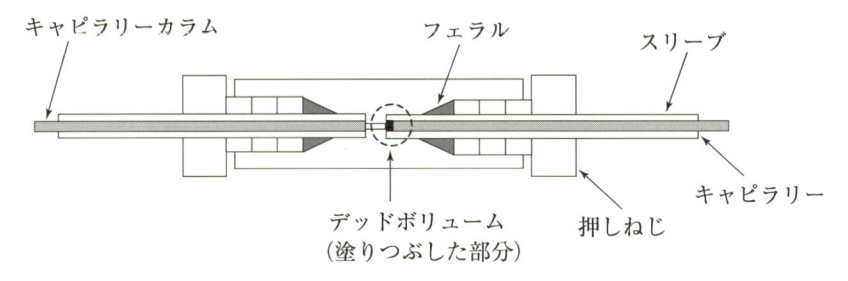

図3　キャピラリーの先端長が短い接続

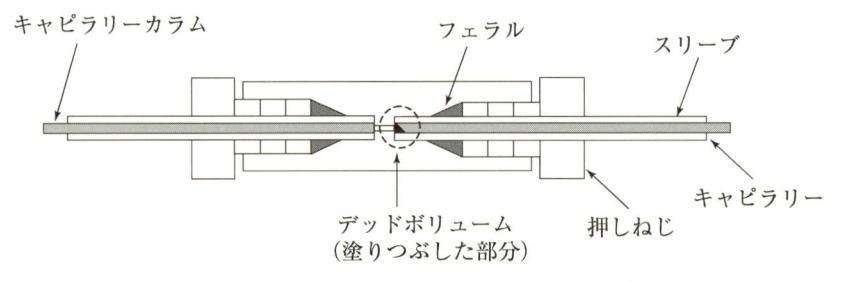

図4　キャピラリー切口が斜めになっている接続

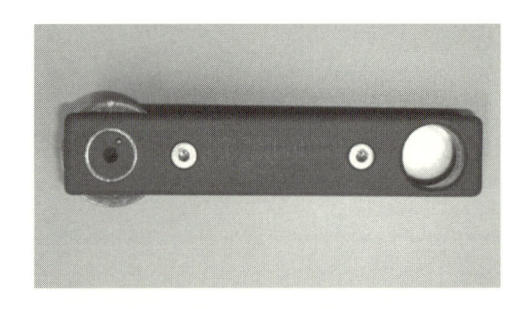

図5　ダイヤモンド製のキャピラリーファインカッター

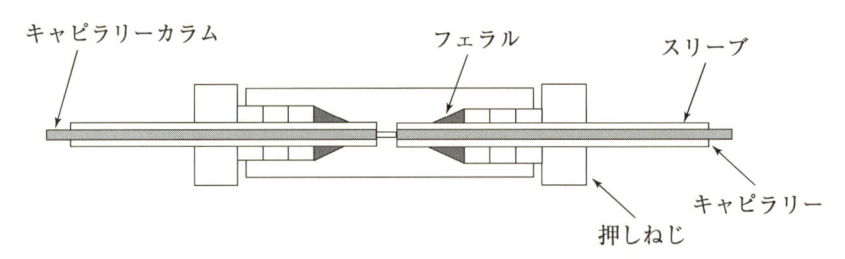

図6　デッドボリュームが非常に小さい接続

最大限に発揮させることができないことがあります．カラム性能を損なわないためにも，ダイヤモンド製キャピラリーファインカッター（図5）を使用してキャピラリー末端を平にカットし，デッドボリュームを小さくする必要があります（図6）．

2．テフロンチューブによる接続

キャピラリーをテフロンチューブに挿入する際，テフロンチューブの内壁が削られ，その削りかすが目詰りの原因となることがあります．接続の際には注意してください．また，テフロンチューブは簡易的に接続できる一方，耐圧性が低いので注意してください．

キャピラリーカラム用の配管・継ぎ手のおもなメーカーのURLを以下にあげるので，参照してください．

バルコ社/ジュアーリサーチ社；
http://www.vici.com/tube/tube.htm　http://www.vici-jour.se/index.html

アップチャーチ社；http://www.upchurch.com/

SGE社；http://www.sge.com/

レオダイン社；http://www.rheodyne.com

Question 51 パルスドアンペロメトリー検出器の原理について教えてください．

Answer

1. はじめに

パルスドアンペロメトリー検出器（Pulsed Amperometric Detector）（以下，PAD という）は，電気化学検出器の一種で，金電極表面で糖類やアミノ酸などが酸化するときに生じる電流を測定することができます．このとき，電極表面も酸化されて連続測定が困難になるので，電極表面に残った不完全な酸化物を測定電位の後に大きな正電位を印加して完全に酸化し，つづいて電極を還元する負の電位をかけて洗浄・再生します．

このように，作用電位の波形パターンを高速に繰り返し印加することで，電極表面を連続再生しながら使用するのが，この検出器の特徴です．定量分析を行うには，分析対象種の最適電位で酸化しているときに得られた電流の中で安定した領域の積分値（クーロン(C)）を用います．

2. PAD 法の測定原理

PAD は，図 1 に示すように正の電位 E_1 をかけ，金電極表面で分析対象種を酸化させて生じる電流を測定します．このとき，分析対象種の酸化分解生成物が電極表面に付着するため，E_1 の後により大きな正の電位 E_2 をかけて分解生成物を完全に酸化し，つづいて電極に負の電位 E_3 をかけて酸化物を還元してクリーニングを行います．このように，一定間隔で複数の作用電位を高速に周期的にかけることが，PAD 法の特徴です．

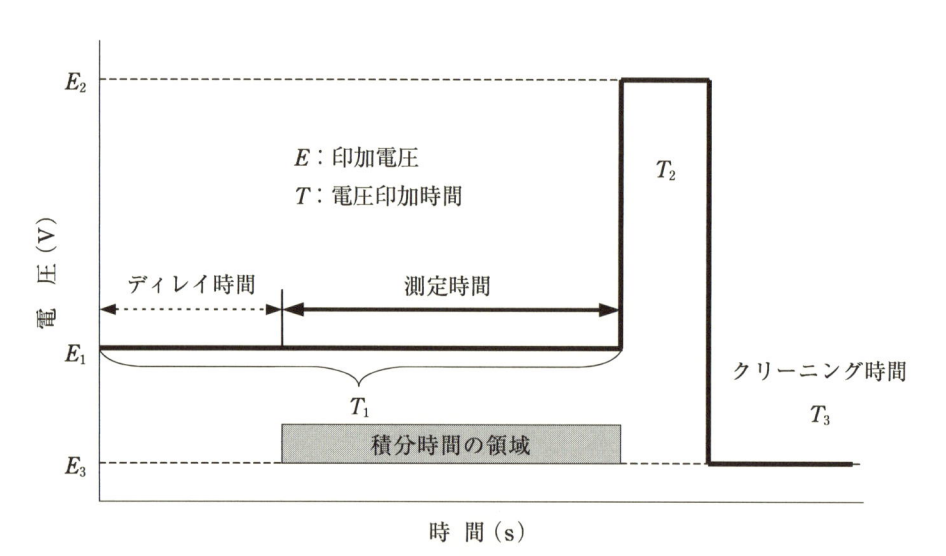

図 1 PAD の印加電位プログラム

分析対象種の定量分析を行う場合は，酸化電位 E_1 をかけている時間 T_1 のうち，不安定な初期の領域は除き，図1の積分時間の領域で示すように，安定している後半の数ミリ秒間（図中の点線部分）の領域にセルを流れる酸化電流を積分して，クーロン(C)量を測定します．

3. サイクリックボルタンメトリー

パルスドアンペロメトリー検出器を用いて，分析対象種に設定する最適な印加電圧を見つけ出すためには，電気化学的な実験としてサイクリックボルタンメトリーを行って，印加電圧のスキャニング操作から描かれるボルタングラムを作成する必要があります．サイクリックボルタンメトリーでは，正極と負極の最大値の間で印加電圧をゆっくりとスキャンさせながら，生じた電流値を縦軸にプロットして描きます．描かれたグラフをサイクリックボルタングラムといい，酸化電流は縦軸の正の領域に，還元電流は同じく負の領域に表示されます．

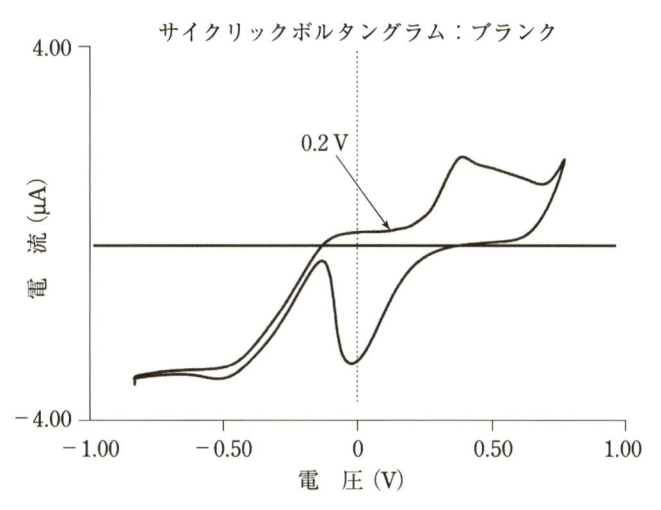

図 2　金電極における水酸化カリウム溶液のサイクリックボルタンメトリー

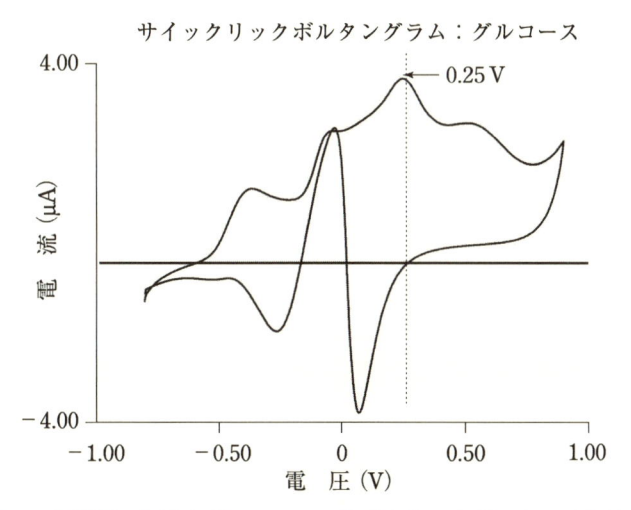

図 3　金電極におけるグルコースのサイクリックボルタンメトリー

分析対象種にグルコースを例にして，印加電圧の最適値の設定方法を説明します．図2に100 mmol/L 水酸化カリウムのバックグラウンドにあたるサイクリックボルタンメトリーを，図3に100 mmol/L 水酸化カリウム溶液中のグルコースのサイクリックボルタンメトリーを示します．水酸化カリウムだけの場合，電流値が＋0.2 V 付近から増加し始めることから，金電極表面での酸化皮膜が約 0.2 V で起こることがわかります．スキャンを反転させると＋0.1 V 以下で負のピークが現れることから，電極表面の酸化皮膜が還元されていることがわかります．図3に示した水酸化カリウム溶液中のグルコースのサイクリックボルタンメトリーから，約＋0.25 V 付近でグルコースによる酸化物のピークが検出されますが，電圧をかけ続けると金電極表面上で酸化が進むため，グルコースの酸化電流は減少します．これは金電極表面に酸化皮膜が生じることで，グルコースの酸化を妨害しているために起こる現象です．スキャンを逆転させると，まず金電極表面の酸化物が還元され，0 V 付近を境にして負から正に急反転して完全に電極が洗浄・再生されます．

したがって，グルコースの測定電位 E_1 は，グルコースの酸化に最低必要で，かつ金電極表面の酸化が起こりにくい電圧 0.2 V 以下（例えば，0.1 V）に設定します．印加電位 E_2 は糖質の不完全な反応酸化物や金電極表面の酸化皮膜を完全に酸化するために必要な高い電位（例えば，0.6 V）を設定します．印加電位 E_3 は化学的な還元反応を起こさずに，金電極表面だけを還元・再生できる電位（例えば，－0.1 V）を設定します．

グルコース以外の有機化合物について同様のサイクリックボルタメトリーを行い，得られたボルタングラムを図4に示します．この図からわかるように，パルスドアンペロメトリー検出器は，糖質だけでなく他の有機化合物に対しても有効な検出法であり，一般にアミノ酸，アミノ糖，糖アルコール，オリゴ糖およびイオウ含有有機化合物に対しても選択的に検出できます．

金電極を用いたサイクリックボルタングラム

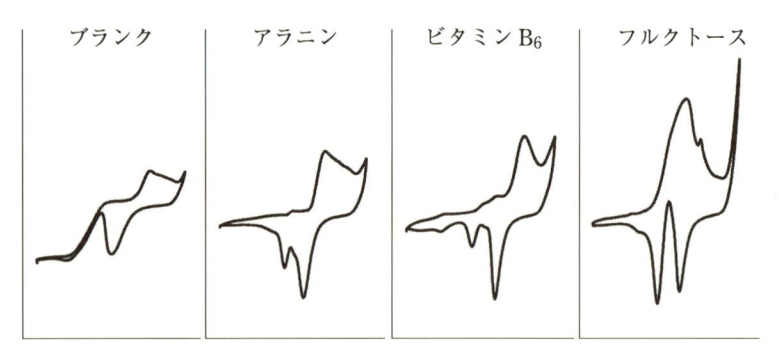

図4　種々の有機化合物についてのサイクリックボルタンメトリー

Question

52 パルスドアンペロメトリー検出器を使って，どのようなものが測れますか．

Answer

　パルスドアンペロメトリー検出器（Pulsed Amperometric Detector）（以下，PAD という）は，電気化学検出器の電極の汚染に対する問題を克服するために開発されたものです．電極表面での酸化電位を測定後により大きな正電位をかけて完全酸化を行い，最後に電極を還元するための負電位をかけて洗浄することで電極を初期状態に再生します．PAD 検出器の特徴，原理についての詳細は 92 ページ，Q51 の項を参照してください．ここでは，PAD 検出器を用いた応用例について述べます．

1. PAD 法の応用例

　PAD 法は，前処理なしに分析対象種の官能基に直接作用して検出できる方法であり，高感度および高選択性を合わせもつ検出法です．この特長を生かして，食品，飲料水，生体分泌液中の糖類分析では，数多くのアプリケーションが報告されています．PDA 検出器の応用例に糖類がよく適用されるのは，以下の理由によるものです．

① 糖類の分離に最適な陰イオン交換樹脂と塩基性溶離液の使用

表 1　糖類の酸解離定数（25℃，pH 7 の水中）

糖　類	pK_a	糖　類	pK_a
ラクトース	12.39	フルクトース	12.03
グルコース	12.28	ソルビトール	13.60
キシロース	12.15	α-メチルグルコシド	13.71
マンノース	12.08		

　糖類の水酸基は表 1 に示すように，極めて弱い酸解離定数（pK_a 12～14）をもっているため，高い pH 領域では部分的または完全に解離していて，陰イオン交換モードで分離することができます．糖類分析に用いる移動相は 1～150 mmol/L の水酸化ナトリウム溶液であることから，この溶離液の pH によって，糖類の解離状態がわかります．糖類のもつ pK_a よりアルカリ性条件下では水酸基が解離するため，陰イオン交換カラムに保持されやすくなります．陰イオン交換樹脂は，強アルカリ性の条件でも安定なため，陰イオン交換モードで単糖類や多糖類だけでなく，複雑なマトリックスを有する生体試料中のオリゴ糖などを分離することができます．

② 糖類の酸化電位の最適 pH

　糖類の最適な酸化 pH はアルカリ側に存在するため，移動相を直接 PAD へ送液することが

できます．

この系を用いた単糖から多糖類の分析に用いられるカラムの種類および移動相についての例を，表2に示します．

表 2 糖類分析用のカラムの種類および移動相の例（カラムはいずれもダイオネクス社製）

カラム名	分析対象種	移動相の例	交換容量 (meq)	有機溶媒	カラム圧力
CarboPac PA1	単糖～多糖	10～100 mmol/L の水酸化ナトリウム溶液	100	不可	中
CarboPac PA10	単糖，二糖	16 mmol/L 水酸化ナトリウム溶液	100	可	高
CarboPac PA100	オリゴ糖～多糖	100 mmol/L の水酸化ナトリウム溶液/1 mol/L 酢酸ナトリウム	90	可	高
CarboPac MA1	糖アルコール～単糖	480 mmol/L 水酸化ナトリウム溶液	4500	不可	高

このほか，PAD法により，アルコール類，アルデヒド類，アミン類(第一級，二級，三級およびアミノ酸)，チオール類，硫化物，メルカプタンなどの有機硫黄化合物の検出が可能です．

2. 分析例

PADを用いた糖類および糖アルコール類の分析例を図1および図2に，その際の分析条件を表3および表4にそれぞれ示します．

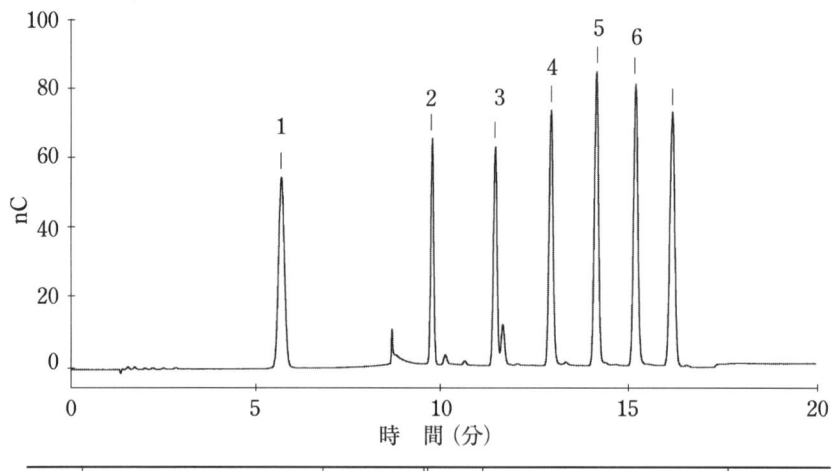

No.	成分名	μmol/L	No.	成分名	μmol/L
1	グルコース	10	5	マルトペンタオース	10
2	マルトース	10	6	マルトヘキサオース	10
3	マルトトリオース	10	7	マルトヘプタオース	10
4	マルトテトラオース	10			

図 1 PADを用いた糖類の分析例

表3 分析条件例

カラム	CarboPac PA1 GUARD / CarboPac PA1（ダイオネクス社製）
溶離液	♯A；100 mmol/L NaOH ♯B；100 mmol/L NaOH / 1 mol/L CH₃COONa
流量	1.0 mL/min
グラジエント	0 ～50％ ♯B（30 min）
検出器	パルスドアンペロメトリー検出器（ED-50，金電極，ダイオネクス社製）
試料導入量	25 μL

検出器の設定時間(s)	0.00	0.20	0.40	0.41	0.42	0.43	0.44	0.50
検出器の設定電圧(V)	0.10	0.10	0.10	−2.00	−2.00	0.60	−0.10	−0.10
積分時間の間隔		開始	終了					

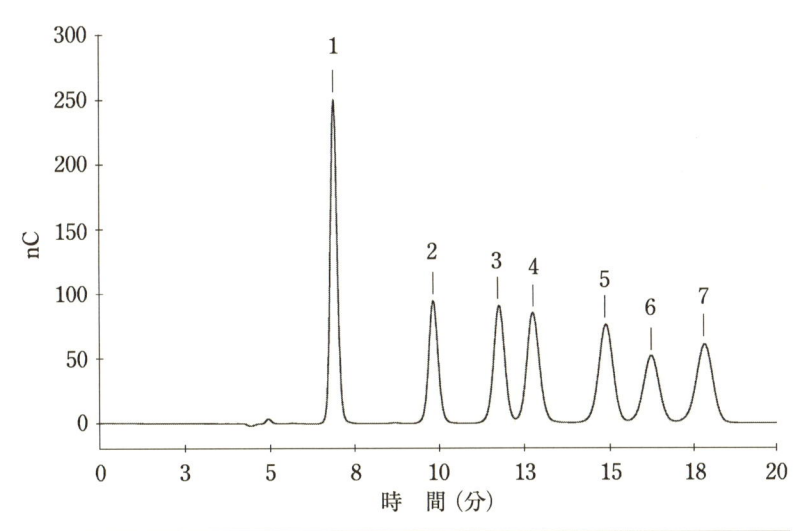

No.	成分名	μmol/L	No.	成分名	μmol/L
1	myo-イノシトール	50	5	マンニトール	50
2	キシリトール	50	6	マンノース	50
3	アラビトール	50	7	グルコース	50
4	ソルビトール	50			

図2 PADを用いた糖アルコール類の分析例

表 4 分 析 条 件 例

カラム	CarboPac MA1 GUARD / CarboPac MA1 (ダイオネクス社製)
溶 離 液	480 mmol/L NaOH
流 量	1.0 mL/min
検 出 器	パルスドアンペロメトリー検出器(ED-50, 金電極, ダイオネクス社製)
試料導入量	25 μL

検出器の設定時間(s)	0.00	0.20	0.40	0.41	0.42	0.43	0.44	0.50
検出器の設定電圧(V)	0.10	0.10	0.10	−2.00	−2.00	0.60	−0.10	−0.10
積分時間の間隔		開始	終了					

Question

53 反応試薬を移動相に添加するポストカラム誘導体化法 について教えてください.

Answer

　ポストカラム誘導体化法は，目的成分を分析カラムで分離後，誘導体化反応を行わせて，目的成分の検出感度と選択性を高める手法です（「液クロ虎の巻」Q55参照）．一般にポストカラム誘導体化法では，一種類もしくは複数種類の反応試薬が送液ポンプによりカラム溶出液に加えられるのですが，もし反応試薬をあらかじめ移動相に添加しておくことができれば，反応試薬送液ポンプが不要になり，さらにポストカラム誘導体化法でしばしば問題になるカラム溶出液と反応試薬とのミキシングの問題も，回避できるという利点があります．

　ポストカラム誘導体化法において，反応試薬をあらかじめ移動相に添加しておくためには，以下のような条件を考慮する必要があります．

① 反応試薬がクロマトグラフィー過程において試料中の成分と反応しないこと
② 反応試薬が分離に影響を与えないこと
③ 反応試薬が移動相中で安定なこと
④ 反応試薬がカラム充填剤を劣化させないこと
⑤ 最適反応条件と移動相条件ができる限り近いこと

　反応試薬を移動相に添加するポストカラム誘導体化法の事例はいくつかありますが，その一例としてアルギニンを反応試薬に用いる糖のポストカラム蛍光誘導体化法を以下に示します．

　図1は，その流路図で反応試薬送液ポンプはありません．

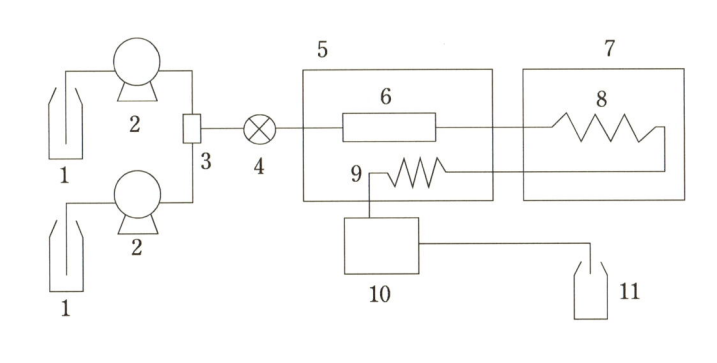

1：移動相（アルギニンを含むホウ酸カリウム緩衝液）
2：移動相送液ポンプ
3：グラジエントミキサー
4：オートサンプラー
5：カラムオーブン（65℃）
6：分析カラム（陰イオン交換）
7：反応槽（150℃）
8：反応コイル
9：冷却コイル
10：蛍光検出器（Em. 320 nm, Ex. 430 nm）
11：廃　液

図1　流路図（アルギニン添加移動相を用いる糖のポストカラム蛍光誘導体化法）

　糖は，移動相のホウ酸カリウム緩衝液とホウ酸錯体を形成し，陰イオン交換カラムにより分離されるが，移動相に添加されているアルギニンは各糖の分離にはまったく影響を与えません．また，糖とアルギニンとの発蛍光反応は，カラム溶出液を反応槽中で150℃に加熱して初

めて起こるため，分離過程（65℃）においてはまったく進行しません．図2は，この方法を用いて糖標準品11成分を分析した例です．

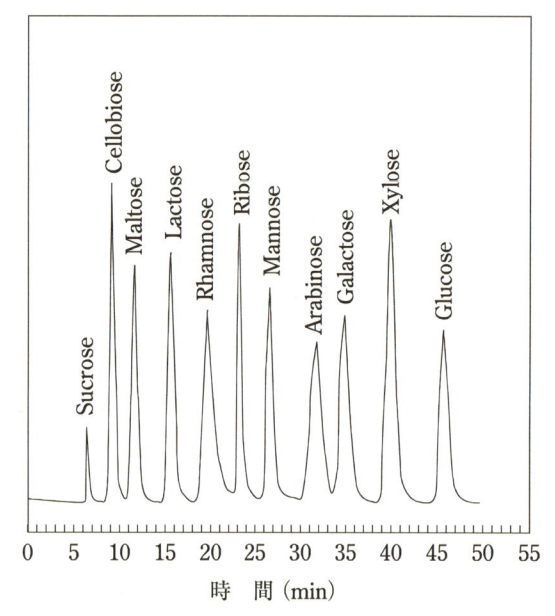

〈分析条件〉
カ ラ ム：Shim-pack ISA-07
　　　　　（4.0 mm i.d.×250 mm）
移 動 相：A；0.1 M ホウ酸カリウム緩衝液(pH=8)
　　　　　B；0.4 M ホウ酸カリウム緩衝液(pH=9)
　　　　　（いずれも 0.1％アルギニン含有）
　　　　　グラジエント溶出（A 100％→ B 100％）
流　　量：0.6 mL/min
温　　度：65℃
反応温度：150℃
検　　出：蛍光（Ex. 320 nm/Em. 430 nm）
試 料 量：各5 nmol（Sucroseのみ50 nmol）

図2　糖標準品11成分の分析例（アルギニン添加移動相を用いる糖のポストカラム蛍光誘導体化法）

Question

54 蛍光検出器におけるセル温調の効果について教えてください．

Answer

蛍光検出器を用いる場合，室温変化に注意する必要があることを「液クロ彪の巻」Q59で述べました．一般に蛍光強度は温度上昇とともに低下しますが，これは温度上昇による分子間衝突の増大などにより，ポテンシャルエネルギーの損失が起こるからです．

最近では，セル部を温調できる蛍光検出器が市販されるようになり，検出温度を一定に保ったり，室温以下に設定したりすることができます．図1はセル部温調機能付き蛍光検出器を用いて，室温を20℃から25℃に上昇させた際の蛍光強度の変化を，セル温調の有無により比較した結果です．セル温調なしの場合（a），室温上昇により蛍光強度が1割以上低下していますが，セル温調あり（b）では蛍光強度にほとんど変化がないことがわかります．

このように，蛍光検出器におけるセル温調の効果としては，セル温度を一定に保つ（目的成分の蛍光強度を一定に保つ）ことによる分析精度の向上，さらにセル温度を下げることによる検出感度の向上への期待があげられます．

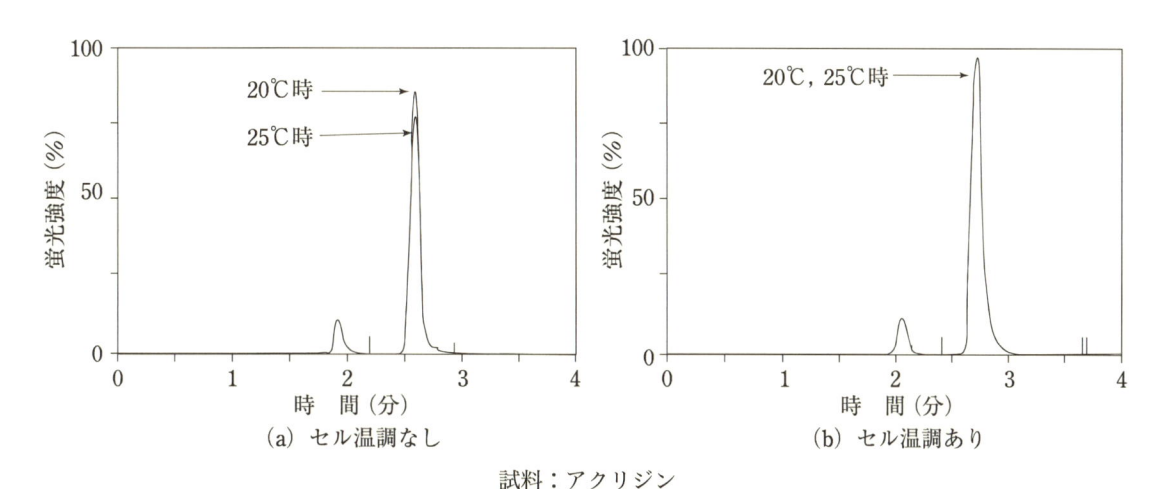

試料：アクリジン

図1　室温変化による蛍光強度の変化

Question

55 UV-VIS 検出器におけるセル温調の効果 について教えてください．

Answer

　Q54 の蛍光とは異なり，吸光度は一般に温度変化の影響をほとんど受けません．しかしながら，室温変化がベースラインドリフトに与える影響が問題になる場合があります．

　図1はセル部温調機能付き UV-VIS 検出器を用い，室温を 20℃から 30℃まで変化させた際の UV 210 nm におけるベースラインドリフトを調べた結果です．セル温調なし（図1(a)）では，室温上昇とともにセル温度が上昇し，これに追随してベースラインがドリフトしていることがわかります．この原因の一つは，移動相の中性リン酸緩衝液の解離状態が室温により微妙に変化し，吸光度変化となって現れることと考えられますが，セル温度を 40℃で温調することにより，図1(b)のように室温変化に関係なく安定したベースラインを得ることができます．

　このように，UV-VIS 検出器におけるセル温調は，室温変化によりベースラインドリフトが起こる場合などで，分析精度向上への効果が期待できます．

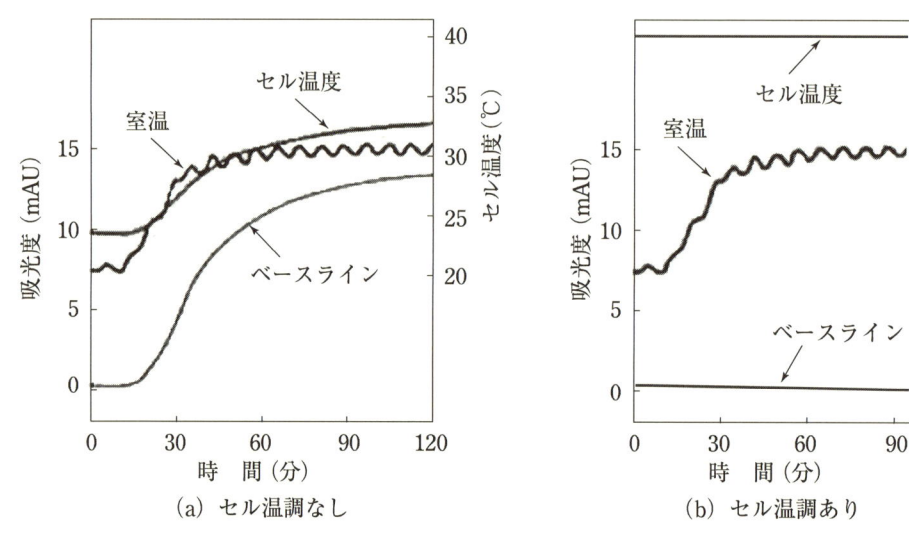

(a) セル温調なし
(b) セル温調あり

〈測定条件〉
移　動　相：20 mmol/L リン酸（ナトリウム）緩衝液（pH＝6.9）
流　　　量：1.0 mL/min
検出波長：UV 210 nm

図1　室温変化による UV ベースラインの変化

Question

56 間接検出法（「液クロ虎の巻」Q50）の実例を教えてください.

Answer

　間接検出法は，目的成分がその検出系で検出されなくても，その検出系で検出される移動相中の成分を利用して間接的に検出する方法です．実用的に使われている事例のうち，逆相イオンペア-間接UV検出法による無機陰イオン分析法について紹介します．

　無機陰イオンは，硝酸イオンや臭化物イオンのようにUV短波長域で吸収をもつものもありますが，塩化物イオン，硫酸イオンなど多くのイオンはUV吸収がなく，その検出には通常電気伝導度検出器が用いられます．しかし，移動相にこれらイオンと置換し得るUV吸収性陰イオンを用いることにより，間接的に検出することが可能となります．

　図1に，その検出原理を示します．分析カラムにはODSカラムを用い，無機イオンの保持はイオンペア剤としてテトラブチルアンモニウムイオン（TBA）を移動相に添加して行います．移動相に用いるUV吸収性成分としては芳香族カルボンであるフタル酸を用い，この移動相で平衡化した系（ODS/TBA/フタル酸の平衡）では，バックグラウンド吸光度は高い状態にあります．この系に，例えば塩化物イオンが注入されると塩化物イオンが保持され，その量に比例してフタル酸イオンが移動相中に放出されます．

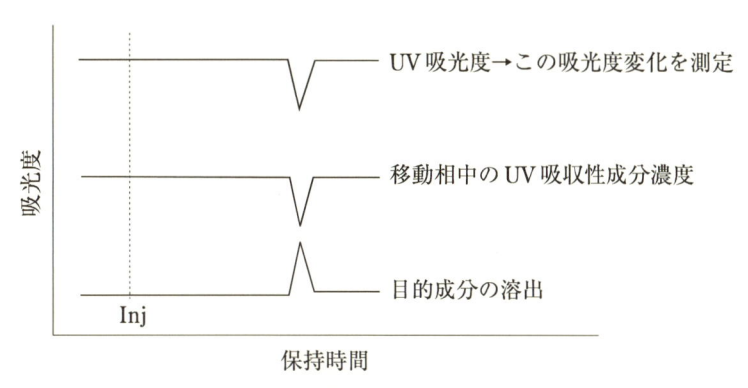

図1　間接UV検出法の原理

　そして，塩化物イオンが溶出する時間では，塩化物イオンが移動相へ移行した分だけ移動相中のフタル酸イオンが固定相の平衡状態に取り込まれます．つまり，塩化物イオン濃度に比例して移動相からフタル酸イオンが減少する（吸光度が減少する）ことになり，負ピークを与えることになります．このとき，検出器のポラリティーを正負逆に設定しておき，フタル酸イオンの移動相からの減少分を測定すれば塩化物イオン濃度がわかるという訳です．

図2は，この方法により無機イオン標準品3成分を分析した例です．このように，逆相イオンペア-間接UV検出法を用いますと，UV検出器付きのシンプルなシステムと汎用ODSカラムとの組合せにより無機陰イオンの分析が可能となります．

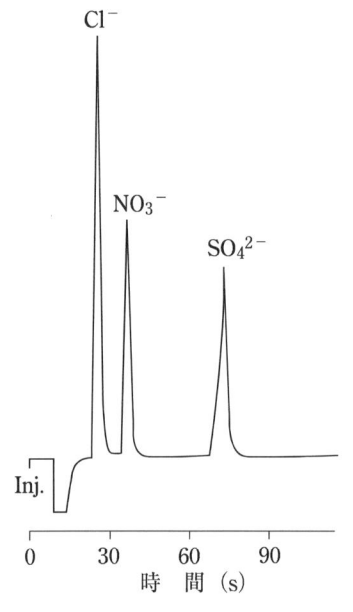

〈分析条件〉
カラム：Shim-pack FC-ODS
　　　　（4.6 mm i.d.×50 mm）
移動相：1 mM フタル酸
　　　　0.5 mM 水酸化テトラブチルアンモニウム
　　　　（水酸化カリウムにより pH＝5.5）
流　量：2.5 mL/min
温　度：40℃
検　出：UV 267 nm

図2　無機陰イオン標準品の分析例（逆相イオンペア-間接UV検出法）

Question

57 HPLCで純度を求めるとき，条件，とくに検出時に波長を変更すると純度が異なります．どうしたらよいのですか．

Answer

ここでいっている純度検定は標準品などの純度検定と理解します．結論からいうと，HPLC単独での純度検定は理論的にも不可能です．なぜなら，HPLCの検出器は多少なりとも特異性をもっています．すべての化合物の単位モル数あるいは単位質量に対し，同じ信号強度を示す検出器は皆無です．さらに多くのHPLCの検出器は，UV-VIS検出器のように濃度依存型の検出器です．このため，ピーク面積はセル内の濃度変化の積分値なので，溶出してくる成分の分子の数に比例した信号とはいえないのです．ですから，定量分析では試料を測定するのと同じ条件下で対象物それぞれの標準品を用い，検量線を引いて補正しながら量的な把握をする必要が生じるのです．

さらに，HPLCでは，注入した未知成分を含めた成分すべてが検出されている保証がないことが致命的な泣き所です．しかし，ときたま公定書などでも，特定の波長で面積百分率法で純度を求めるよう記載されているものもあります．この場合は前提として，測る対象の相対感度が同じで，かつ指定された条件下で，すべて不純物が溶出されることが確認されているという条件が満たされているときです．なお，ほかに検定の方法がなく，「約束事」として面積百分率法で純度を求めることもときとしてあります．いずれにしろ，これらの場合は，検出波長を含め指定された条件できちんとキャリブレーションを行った後に行う必要があります．指定された波長から変更することはルール違反です．

通常標準品の純度検定には再結晶などで純度を高め，TLCを用い100倍程度濃度の異なる対象物の溶液（例えば，0.1％溶液と10％溶液）を同時に展開し，硫酸などで炭化して，どちらもシングルスポットであることをもって99％以上とする場合が多々あります．この場合，硫酸での炭化は有機化合物一般に対し有効であること，これをTLC板に噴霧することで，原点からフロントの間に存在する「すべての成分」を検出することができると考えられるからです．ただし，不純物が目的物と分離されていないために，シングルスポットになっているという落とし穴もあります．

同様に，揮発性成分をGCでFIDを用い面積百分率法で純度検定する場合も，蒸留などで沸点を限定したうえで，溶媒などの影響を考慮に入れ行う必要があります．

3章　試料の前処理

Question

58 移動相の溶媒を保管する際の注意点は何でしょうか．また，開封後の溶媒を保管するのに最適な方法を教えてください．

Answer

溶媒を保管するうえでの注意点としては，劣化を防ぐこと，周囲からの汚染を受けないことです．基本的には試薬ですので，密栓をして冷暗所に保管してください．

また，開封した試薬は，できるだけ早く使い切ってください．

溶媒の種類によっては安定剤を添加したもの（「液クロ犬の巻」Q69）がありますが，分析に悪影響を及ぼすような安定剤を抜いてしまった溶媒もあります．一例をあげますと，HPLC用

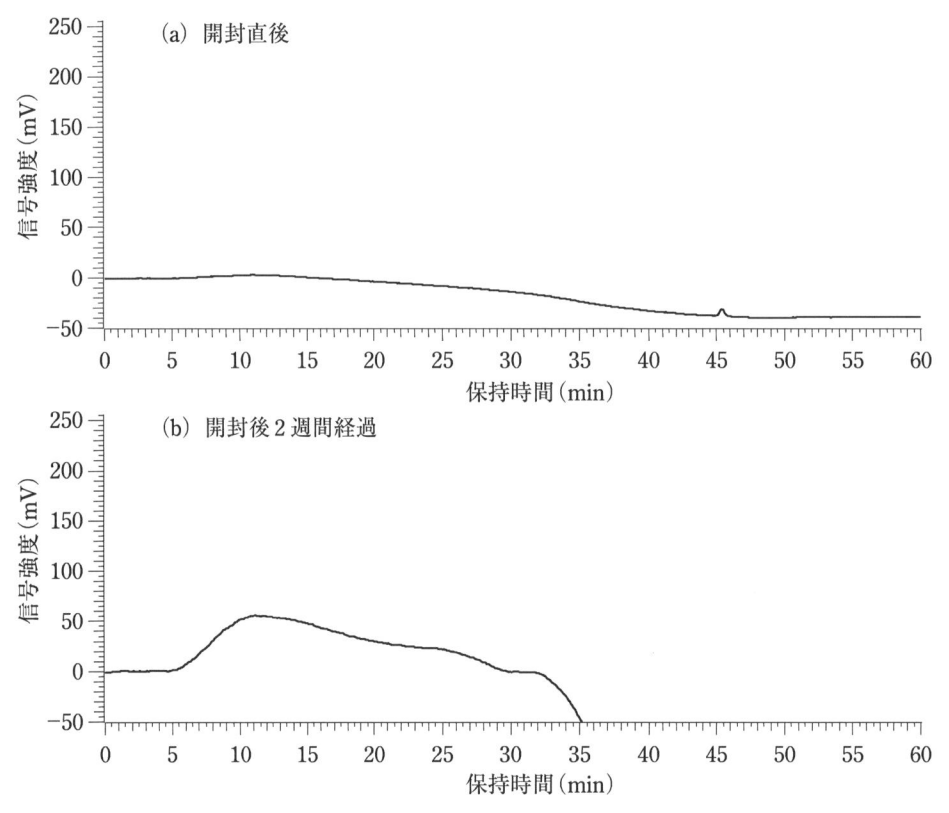

(a) 開封直後

(b) 開封後2週間経過

〈HPLC条件〉
カラム：Mightysil RP-18 GP (5 μm) 4.6 mm i.d.×150 mm
検　出：Ex. 265 nm, Em. 320 nm
流　束：1 mL/min
温　度：40℃
移動相：A液；H_2O/THF/酢酸＝40/60/0.1，B液；0.1％酢酸 THF溶液
　グラジエント条件　0分：A液100％，25分：B液35％，50分：B液100％，60分：B液100％

図1　テトラヒドロフランの劣化によるベースラインの変動

のテトラヒドロフランは，酸化防止剤を添加していないので，開封後の保管状況によっては分析に悪影響を与える場合があります．このような場合は，使用後，酸化防止のために容器内を窒素などの不活性ガスに置換して保管するか，なるべく早く使い切れる量での購入をおすすめします．

Question 59

HPLC 用溶媒と LC/MS 用溶媒の基本的な違いはありますか．また使分けや，溶媒の差で生じ得る測定データへの影響および取扱い上の注意に関して教えてください．

Answer

基本的な違いは，MS での検査によるノイズレベルの保証の有無です．

LC/MS 用溶媒は，容器からの汚染を最小限にするために，特殊処理を行ったびんを採用しています．

びんによる影響について，図1に示します．同じ溶媒をそれぞれ異なった容器に充填し，TIC のレベルを比較しました．容器の素材によって違いが現れています．

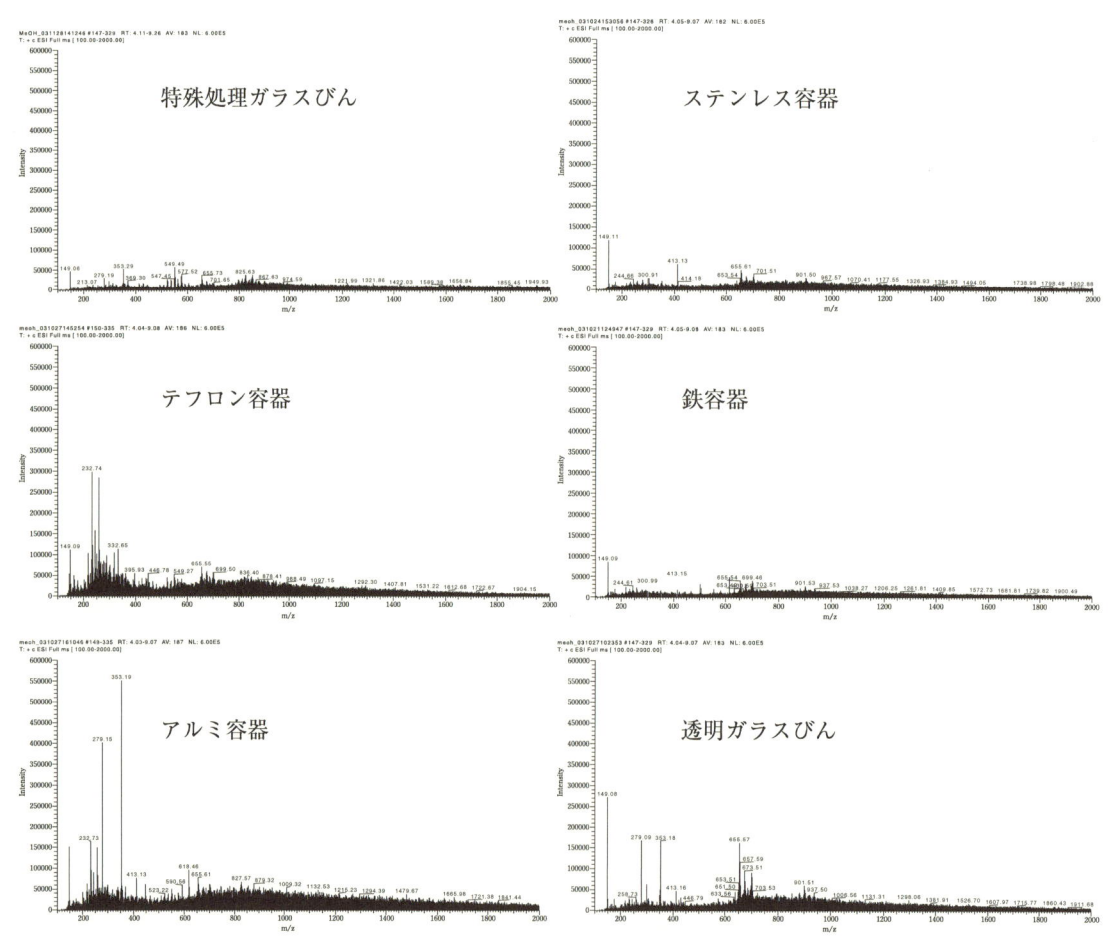

イオン化条件：ESI，モード：＋，溶媒：メタノール

図 1　容器による影響

HPLC 用溶媒と LC/MS 用溶媒の使分けは，LC/MS での検出方法により異なります．TIC で検出する場合には，溶媒によるバックグラウンドの影響を少なくするために LC/MS 用がよいでしょう．SIM や MS/MS で検出する場合は，溶媒のバックグラウンドの影響を受けにくいので，HPLC 用でも差しさわりありませんが，MS 装置内の汚れを考慮すると，LC/MS 用の方が適しています．

溶媒の規格により生じる測定データへの影響は，バックグラウンドに現れます．図2より，HPLC 用の方が TIC ベースラインのレベルが高くなっているのがわかります．

また，規格により生じる測定データへの影響よりも，取扱い時に溶媒を汚染させて生じる影響の方が大きいので注意する必要があります．これは，使用する溶媒びん，ガラス器具，流路系の汚れ，実験室環境などによるものと考えられます．

図3に容器による汚染の影響を示します．上段のスペクトルはビーカーにそのままアセトニトリルを入れ，測定した結果です．下段は，同じビーカーを3回共洗いした後の測定結果です．

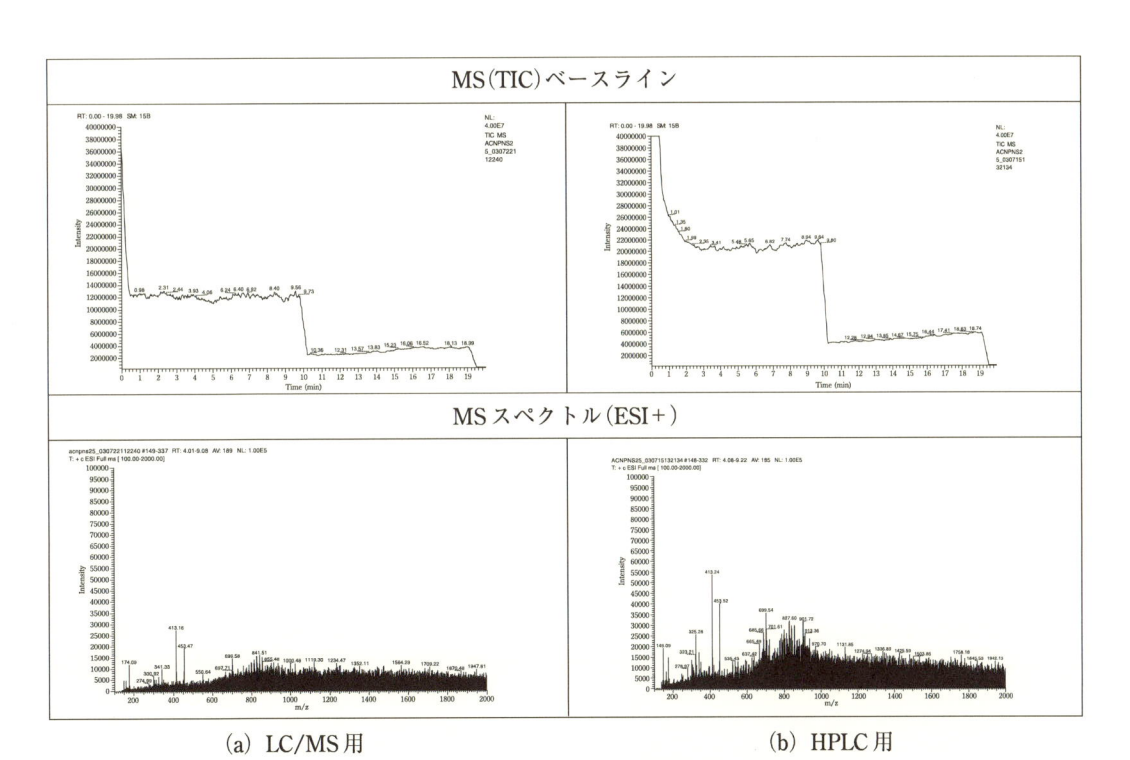

(a) LC/MS 用　　　(b) HPLC 用

イオン化条件：ESI，モード：＋，溶媒：アセトニトリル

図2　LC/MS 用，HPLC 用溶媒の比較

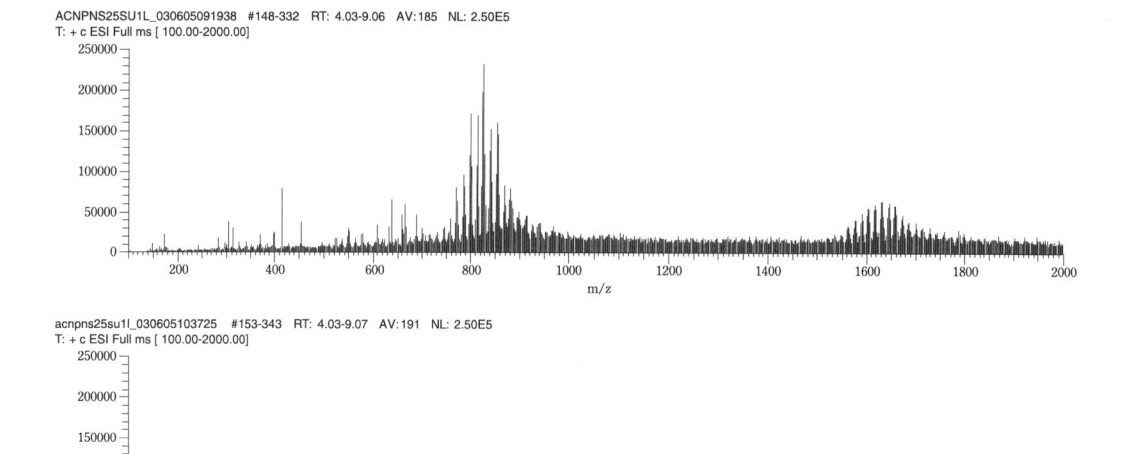

イオン化条件：ESI，溶媒：アセトニトリル

図3　容器による汚染の影響

Question

60 超純水製造装置を使用していますが，メーカーの指示どおりに光源，吸着剤，フィルターなどを交換すると，けっこう経費がかかります．**HPLC用水を購入する方が割安**ではないでしょうか．

Answer

　HPLCのゴーストピークを抑えるために，ブランク水に求められる水質は有機物量を目安とした場合，Total Organic Carbon（TOC）5 μgC/L（ppb）未満には低減したいものです．実際に，この量は50 mプールに純水を満たしたときに，純水中の有機物を大さじ1杯にまで除去することと同じであり，高感度なHPLCやLC/MS分析の際には，ブランク水の残存有機物をそこまで削減する必要があります[1]．それを小型の純水装置，超純水装置で実現するために，非常に高度な吸着，除去などの純水化プロセスが導入されています．

1. 装置のメンテナンスと器具・容器の洗浄

　もちろん，使用する純水，超純水の水質を維持するためには，定期的にカートリッジ，UVランプ，フィルターなど消耗品を交換することと，装置のメンテナンスは欠かせません．通常，研究室用の超純水装置はめんどうなメンテナンス作業は必要なくなっていますし，消耗品を1年に1回程度交換するだけで能力を発揮できるように設計されていますが，最低でもそれぐらいの手間とコストがかかるのは避けられないのです．日ごろ何気なく利用している水道も，その安全な使用のために，水源，浄水場，水道配管などに相当なコストがかけられているのと同じことです．

　また，HPLCやLC/MSで有機物などの微量分析を行う場合に，移動相調整用の水，試料調整用の水のみに超純粋を使用しても不十分です．分析に使用するすべての試薬の調整用水はもちろん，用いる器具や容器の洗浄用にも十分な量の超純水でリンスをしなければ，ブランクの低減はできません．微量分析には，思っている以上に大量の超純水を必要としています．それを常に安定供給するためには，日ごろから超純水装置の水質維持のためには相応の維持コストがかかります．その分析に関係する操作のすべてにおいて，HPLC用の純水を購入して使用したらとんでもないコストがかかる場合もあります．

2. 超純水装置とHPLC用水のコスト比較

　超純水装置を使用維持する場合と，HPLC用水を購入する場合とで，どちらの維持コストが抑えられるかを知るために，実は装置購入前に，純水の使用量の試算をしておくことが重要になります．大型のシステムは小型のシステムに比べランニングコストは高くなりますから，使用量が少ないなら小型のシステムの方がコストは下がります．「大は小を兼ねる」ではなく，適切な規模のシステムを選定することが経費の削減につながるのです．

　これは純水の製造量と使用量がアンバランスなために，貯水タンク内の純水の長期滞留や，

装置の運転時間が極端に短いといった状況が生じて,水質劣化やさまざまなトラブルが発生するのを防止するためにも重要な点です.

　もちろん,HPLCの使用頻度が少なく,使う場合でも1日の純水使用量が1Lにも満たないような少量の場合などは,純水装置ではなくHPLC用水を購入する方がよい場合もあるので,あらかじめ分析の頻度や使用時間を検討してみてください.HPLC用水を購入して使う場合には,分析精度を維持するためにも,開封した水はその分析だけの使切りにすることをおすすめします.

---

1)　液体クロマトグラフィー研究懇談会 編,"液クロ龍の巻" Q38,筑波出版会(2002),pp.70-71.

Question

61 最近，有機溶媒の廃棄費用に多くのコストがかかるようになってしまいました．**分取クロマトグラフィーのランニングコストを安くする方法**はありませんか．

Answer

分取 HPLC では，大量の有機溶媒を使用する場合があり，その購入代や廃棄に多くの費用や時間が必要となります．これらのコストを安くするために，有機溶媒の使用量を低減させる次のような方法があげられます．

1. オーバーラップインジェクション法

オーバーラップインジェクション法は，ピークが溶出していない時間を利用し，2回目以降の測定では，分析が終了する前に次の測定試料を注入する方法です（図1参照）．この方法を用いることにより，時間や溶媒消費量を約半分程度に節約できることがあります．

(a) オーバーラップインジェクション法で測定したクロマトグラム

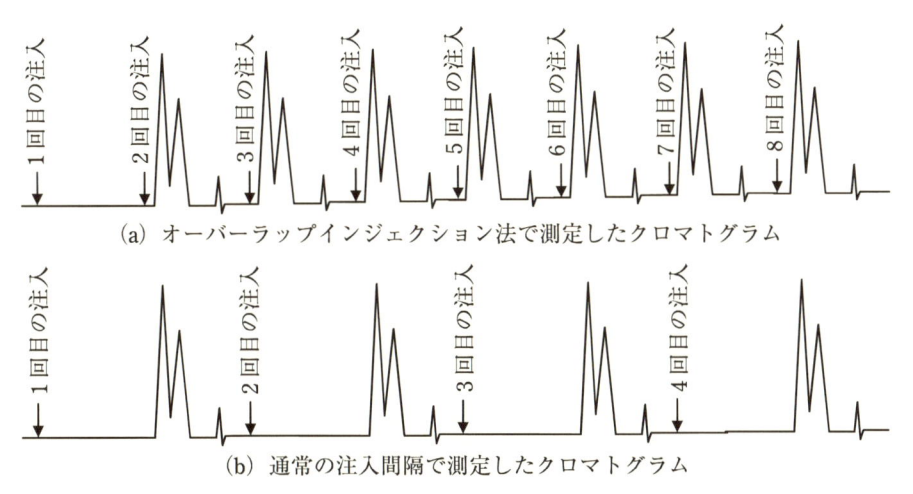

(b) 通常の注入間隔で測定したクロマトグラム

図1 オーバーラップインジェクションと通常のインジェクションで得られたクロマトグラム

2. 移動相溶媒のリサイクル使用

移動相として用いた溶媒を，リサイクルで，その使用量を節約することができます．ピークが溶出しない時間の溶媒を，溶媒ボトルに戻して再利用する方法です．妨害成分の溶出が少ないクロマトグラムほど有効に利用できます．「液クロ虎の巻」"Q48 溶媒をリサイクルする方法"に流路図などが記載されていますので，参照してください．なお，分取クロマトグラフにリサイクルバルブが接続されている場合は，これを利用することができます．この方法でも，約半分程度の節約ができる場合があります．しかしながら，グラジエント溶出法では，ここまで紹介した二つの方法は，適用できません．

3. 分取超臨界流体クロマトグラフィーへの変更

　もう一つは，有機溶媒をほとんど用いない分取超臨界流体クロマトグラフィーへ分離条件を変更するという方法です．この方法は，移動相媒体に超臨界流体の二酸化炭素を使用し，分取サイズのカラムを用いて分離し，分取精製する方法です．もちろん，前もって分離ができるかどうかの確認が必要となります．二酸化炭素は大気圧下で気体となってしまうため，分取後の溶媒除去の手間が少ないなどの利点とともに，大幅にランニングコストが削減できる場合があります．SFC に適用できる試料の場合は，高い利点となります．測定対象試料の例として，光学異性体の分離例があります．誘導体化糖のカラムなど多くの光学異性体分離用カラムに適用できます．

　なお，液化二酸化炭素は，30 kg 入りボンベでも 6 000 円前後と安価です．また，このガスは，新たにつくり出しているものではなく，火力発電所などで発生した二酸化炭素の有効利用となるので，有害な有機溶媒を使用する方式よりも環境に優しい方法です．

　分取クロマトグラフィーに SFC を利用した場合の利点については，「液クロ犬の巻」"Q49 二酸化炭素を用いた超臨界流体クロマトグラフィーを分取クロマトグラフィーとして利用した場合どんな利点があるのですか"に記載されていますので，ご参照ください．

Question 62

移動相で使用する有機溶媒には引火性を有するものが多いのですが，取り扱ううえでどのような点に注意すればよいでしょうか．

Answer

　HPLCで使用される有機溶媒の多くは，引火性を有しています．試験研究用として使用される場合，工業スケールに比べ使用量も少なく危険性も小さいと思われがちですが，意外に実験中にも事故は発生しています．その中には，事前に有機溶媒の性質を知っていたなら防げたと思われるものもあります．以下に，引火性を有する有機溶媒の取扱い法について，具体例をあげながら説明します．

1. 消防法による規制

　引火性物質は消防法により，その取扱いが規制されています．これらは危険物第4類に属し，その引火点により，さらに特殊引火物，アルコール類，第一～第四石油類，動植物油類の7種類に分類されます．HPLCで使用される有機溶媒も，多くがこのいずれかに属しています．おのおの指定数量が定められており，指定数量以上貯蔵，取り扱う場合は所轄消防長への届け出が必要です．これらの分類のうち，特に注意をしなければいけないのは，常温で引火する特殊引火物，アルコール類，第一石油類，第二石油類の4種です．表1に，これら4種に属するHPLCで使用されるおもな有機溶媒を示します．

表1　HPLCで使用されるおもな有機溶媒の分類

消防法の類別	性質	品名	性質	指定数量*	おもな溶媒
第4類	引火性液体	特殊引火物		50 L	ジエチルエーテル
		第一石油類	非水溶性液体	200 L	n-ヘプタン　酢酸エチル n-ヘキサン　ベンゼン シクロヘキサン　トルエン t-ブチルメチルエーテル
			水溶性液体	400 L	アセトニトリル　1,4-ジオキサン アセトン　テトラヒドロフラン
		アルコール類		400 L	メタノール　1-プロパノール エタノール　2-プロパノール
		第二石油類	非水溶性液体 水溶性液体	1000 L 2000 L	1-ブタノール N,N-ジメチルホルムアミド

* 指定数量：危険性を考えて「危険物の規制に関する政令」という法令で定めたもの．
　　　　　　指定数量以上の危険物を貯蔵したり取り扱うと，消防法の対象として規制される．

2. 取扱い方法

取扱い時，火気は厳禁です．以下に，取扱い上の注意事項を列挙します．

① 火の元に注意
- 作業場所での禁煙，ライターの持込み禁止
- 湯沸かし器の種火に注意

② 静電気による火花を防止
- 機器へのアース接地
- 作業衣の帯電防止
- 薬品自体の帯電防止（非帯電性溶媒の選択，激しく振動させない）

③ 電気火花の発生防止
- 機器へのアース接地
- 防曝型機器の設置
- 作業場所でのドライヤー，溶接機，グラインダー，ハンマーなどの使用禁止

④ 引火性蒸気の発散防止
- 局所排気装置の設置
- 容器の密栓

このうち，研究室内で実際にHPLCで使用する際注意していただきたいのが，② 静電気による火花の防止です．HPLCでは配管の中に有機溶媒を含む液体が高速で通ることにより，液体と配管内壁がこすれ静電気が生じます．これを防ぐには，廃液容器に金属などの導電性のあるものを使用し，アースを接続します．冬は空気が乾燥するので，いっそうの注意が必要です．また，気化した溶媒が滞留しないよう換気に気をつけます．

3. 保管方法

通風のよい，温度の一定した（冷暗所がよい），火気（スイッチ，灼熱体，種火）から離れたところに保管します．容器は密栓して蒸気が漏れないようにします．また，びんが転倒落下しないよう保護柵を設置します．消火器，空容器，ウエス，中和剤，保護具などを常備しておきます．

Question 63　有害性を有する有機溶媒を使用する際の規制 などについて教えてください．

Answer

　HPLC で使用される有機溶媒には，毒性のあるものが少なくありません．これらに関する有害性の知識がないと，思わぬ事故を引き起こす可能性があります．また，保管管理が不十分だと，盗難紛失に気づかず事件に巻き込まれることも考えられます．このような事態を発生させないためにも，毒性を有する有機溶媒の取扱いについて再確認することが重要と思われます．

1．毒物及び劇物取締法

　毒性を有する化学物質のうち国民の保健衛生上極めて重大な危害を及ぼす恐れがあるものは，毒物及び劇物取締法により毒物あるいは劇物に指定され，取扱いについて規制が行われています．

　HPLC で使用される溶媒のうち，アセトニトリル，メタノール，クロロホルム，トルエン，酢酸エチルなどは劇物に指定されています．

　以下に，その取扱い方法を記します．

　（1）盗難，紛失を防ぐための必要な措置を講じなければなりません．

　① 部外者の立入りを禁止する，② 管理者を設置する，③ 保管する場合は施錠する，④ 毒劇物管理簿をつける，⑤ 万一盗難，紛失，漏洩，染出し，流出した場合のため通報体制を整備する，⑥ 被害が拡大しないような処置を講じる，などがあります．

　（2）保管上の注意点としては，

　① 毒劇物以外のものと一緒に保管しない，② 保管庫に指定の表示を行う，③ 古い毒劇物は期限を見て処分する，などがあります．

　（3）販売・購入に際して，

　① 販売業の登録を受けていなければ，他者への譲渡・販売は禁止ですし，② 購入には身元確認などの手続きが必要です．

　（4）廃棄する場合は技術上の基準に従わなければなりません．

　また，その他の法律（例えば，水質汚濁防止法，大気汚染防止法）にも十分注意し，適法に処理する必要があります．自分で処理して廃棄することが基本ですが，自己処理ができないときは認可を受けた廃棄物処理業者に依託することになります．

2．化学物質管理促進法（PRTR 法）

　平成 11 年 7 月「特定化学物質の環境への排出量の把握等及び管理の改善の促進に関する法律」いわゆる PRTR 法が公布されました．この法律で指定された品目には，MSDS (Material Safety Data Sheet, 後述) 作成と提供の義務が発生し，その品目を使用するものは MSDS を

参考に，教育，作業方法の改善，安全対策などをしなければなりません．また，指定数量以上取り扱う場合は，環境への排出量の報告などが義務化されています．

指定された品目の中には，アセトニトリル，クロロホルム，1,4-ジオキサン，トルエンなどの溶媒が含まれています．

3. MSDS

これら有機溶媒の危険有害性や取扱いおよび保管上の注意，廃棄上の注意などの情報は，カタログ，ラベル，パンフレット，そして MSDS から入手できます．

化学薬品は，種類や取扱い量が多いだけでなく使用形態もさまざまであることから，予期せぬ事態が生じたり，誤って使用される可能性があります．そのため，化学薬品メーカーは適切な使用と取扱いの情報をユーザー（使用者）に周知することが必要となります．平成4年7月労働省告示第60号，平成5年3月 厚生省通産省告示第1号が公布され，MSDS(製品安全データシート)の作成配布運用が始められました．MSDS には表1に示す内容が記載されており，販売，保管，輸送，使用および廃棄に関する情報を入手することが可能です．

以上，毒性を有する有機溶媒の性質や規制について十分理解したうえ，安全な取扱いを行ってください．

表1　MSDS の記載項目

	記載項目		記載項目
1	製品および会社情報	9	物理的および化学的性質
2	組成，成分情報	10	安定性および反応性
3	危険有害性の要約	11	有害性情報
4	応急措置	12	環境影響情報
5	火災時の措置	13	廃棄上の注意
6	漏出し時の措置	14	輸送上の注意
7	取扱いおよび保管上の注意	15	適用法令
8	曝露防止措置	16	その他の情報

Question

64 使用済みのカラムの廃棄方法は，どうしたらよいのですか．

Answer

　研究所，学校，病院などの研究，試験，検査にかかわる試薬および化学薬品の使用済みのものは，「廃棄物の処理及び清掃に関する法律」により，産業廃棄物に分類されます．産業廃棄物の中で，感染性または有害な化学物質を含み，健康被害を及ぼす可能性のあるものは，「特別管理産業廃棄物」として扱われます．さらに，動物実験や微生物実験から排出される感染性のあるものは，「感染性廃棄物」として取り扱わなければなりません．カラムも，このような法律に従って廃棄しなければなりません．したがって，法令を熟知し，地方行政や回収業者と十分協議して，社内（学内）手順書をつくり，それを遵守することが何よりも重要です．
　基本的な考え方は，以下のとおりです．
　通常の実験で用いたカラムは，充填剤を不要となった試薬と同じように，カラム（外側）を金属として，それぞれ廃棄します．充填剤はカラムの片方のジョイントをはずし，他方をポンプに接続すれば，取り出すことができます．抜き取った樹脂は，乾燥させてから廃棄しますが，完全に乾燥させると，その粉塵が問題となる場合があります．安全な溶媒や水に切り換えてから，充填剤を抜くことも大切です．
　バイオセイフティー管理下で使われたカラムを廃棄する場合は，感染性廃棄物として扱います．オートクレーブなどで，滅菌処理した後，通常のカラムと同様に廃棄するか，医療性廃棄物として，許可を受けた廃棄物処理業者に任せます．
　放射性同位元素（RI）を使用した場合は，RI不燃物として，許可を受けた専門業者に引き取ってもらわなければなりません．
　カラムを，直接，専門業者に任せて廃棄する場合，特別管理産業廃棄物の特管廃油（含水：有機溶剤使用後の廃液（引火点70℃未満の廃液））に該当しないかどうか，また特別管理産業廃棄物の特定有害産業廃棄物（ジクロロメタンなどの塩素系溶媒，カドミウム，鉛，ヒ素，セレン，六価クロム，農薬，水銀，PCB溶液など）に該当しないかも，合わせて確認する必要があります．

Question

65 固相抽出カートリッジカラムの使用期限はありますか．また，カラムが入っている袋を開封した場合，使用しなかったカラムの保管はどうすればいいですか．

Answer

　使用期限について国内の取扱い各社に問い合わせたところ，一部の特殊用途カートリッジを除いて，特に期限は設けられていないようです．開封してしまった場合の取扱いでは，汚染を防ぐために密閉した袋などに保存すること，シリカゲルなどの吸着系および順相系のカートリッジはデシケーターなどの水分の影響の少ない環境中で保管することがポイントです．シアノプロピルやアミノ系のカートリッジは酸化されやすいので，窒素パージして保存する必要があります．くわしいことは，販売先に照会されるといいでしょう．

Question

66 微量分析では，固相抽出用器材の材質が気になります．市販の製品は分析種の非特異的な吸着がないように工夫されているのでしょうか．

Answer

　固相抽出における非特異的吸着については，例えば，シリカゲルをベースとした逆相分配系固相の残存シラノール基への塩基性化合物吸着や，同じくシリカゲル表面の残存金属へのキレート化合物吸着などが問題になっていましたが，最近新規に開発された固相の多くはこのような問題が起こらないポリマーを素材としたものになっています．ただし，物質の吸着は溶媒・溶質・固相抽出担体，三者の親和力に依存するため，一概に述べることは困難です．目的の溶媒・溶質が決まっていれば，最適なバッファー条件や濃度条件はすでに検討されている場合があるので，メーカーが出している技術資料や論文を参照して，確立したプロトコールを使用するとよいでしょう．使用前に抽出バッファーで洗浄することにより，吸着を抑えることができる場合もあります．

　また，どうしても非特異的吸着を起こしやすい成分を固相抽出する場合は，固相容量を必要最小限にすることで，吸着を最小化することができます．前述のような最新のポリマーベース固相は，単位重量当たりの保持キャパシティが従来のシリカベース固相と比べて大きくなっているため，より少ない容量の固相で処理が可能になり，その意味でも非特異的吸着量を減らすことができます．

Question

67 試料を注入する前に，フィルターで沪過することの是非を教えてください．

Answer

　HPLC装置やHPLCカラムの取扱説明書には，「試料を0.45 μmのフィルターで沪過してから注入してください」と書かれています．

　これは試料に大きな粒子が入っていると，HPLC装置の流路やHPLCカラムの入口に詰まって故障の原因になるためです．したがって，一般論としてはできるだけ沪過することをおすすめします．

　しかしながら，沪過するにあたって，いくつかの問題があります．

　① 時間がロスするため，スループットが落ちてしまう．
　② 液量が少ない場合，沪過でロスしてしまい，分析に使える試料が不足してしまう．
　③ 分析対象物質の性質によっては沪過の膜に吸着してしまい，分析できない．
　④ 沪過を行った際，沪過の膜由来の成分が溶出し，妨害ピークが発生することがある（事前に移動相などで洗浄しても回避できない）．

　①は企業で行われるハイスループット分析では非常に重要です．

　②，③，④は，特にハイスループット分析でなくても重要なポイントになります．貴重なサンプルの沪過を行う前に，既知の濃度のサンプルなどで問題が発生しないことを確認するべきでしょう．もし，沪過できないことがわかった場合には，以下の対策が有効と思われます．

　(1) 試料を遠心分離し，上清を注入試料とする．
　(2) オートサンプラーとHPLCカラムの間にラインフィルターを導入する．
　(3) HPLC装置をまめに洗浄し，HPLCカラムを早めに新品と交換する．

　(1)は上記③，④に有効な手段です．HPLC装置およびHPLCカラムのいずれにも，一定の効果が期待できます．

　(2)は上記①〜④のいずれに対しても有効な手段です．使用するHPLCカラムの内径などを考慮して，フィルターの内径を決めてください．ただし，この方法ではHPLC装置，特にオートサンプラーの詰まりには対処できません．

　(3)も上記①〜④のいずれに対しても有効な手段です．しかも，(2)と違ってHPLCカラムだけでなく，HPLC装置の詰まりにも対処できます．

　結論として，一般論としてはフィルター沪過をおすすめします．ただし，場合によってはフィルター沪過が不適切なことがあるので，その際は上記のように対処されてはいかがでしょうか．

Question

68 フィルターを用いて除タンパクをすると，未知ピークが出てしまいました．なぜでしょうか．また，どのような物質が考えられますか．

Answer

最近，製薬会社ではMF（精密濾過膜）を用いた除タンパクがよく行われています．この場合の未知ピークの原因は，以下のものが想定されます．

① 除タンパクに使用した有機溶媒由来の成分
② 試料由来成分
③ フィルターから溶出した成分
④ フィルターハウジングなどボディから溶出した成分

①については，使用した有機溶媒単独のブランク試験で判定できます．

②については，①で有機溶媒が原因でないと判定された場合，その有機溶媒を使用してタンパク質を沈殿させ，フィルターを使わずに遠心上清をとり，分析することで判定します．

①でも②でも，未知ピークが確認されない場合は，フィルターまたはハウジングからの溶出物ということになります．特に，ハウジングにプラスチックを使用した製品の場合，量の多少の違いはありますが，プラスチックの安定剤などの溶出が起こります．溶出物の多いフィルターを使用した場合，溶出物ピークにより分析が妨害されたり，またLC/MS（MS）ではイオン化が阻害（あるいは促進）され，正しい定量ができなくなることがあります．図1, 2に，溶出物試験の例を示します．また，UF（限外濾過膜）を用いた除タンパク法もあります（「液クロ龍の巻」Q82参照）．この場合，UFの湿潤剤（グリセリンなど）が溶出されることがあります．

これらの溶出に対しては，MFの場合は同じ組成の溶媒で，UFの場合は超純水で2〜3回洗浄することで，低減させることができます．また，このような溶出に関して考慮された製品を選ぶことも必要です．

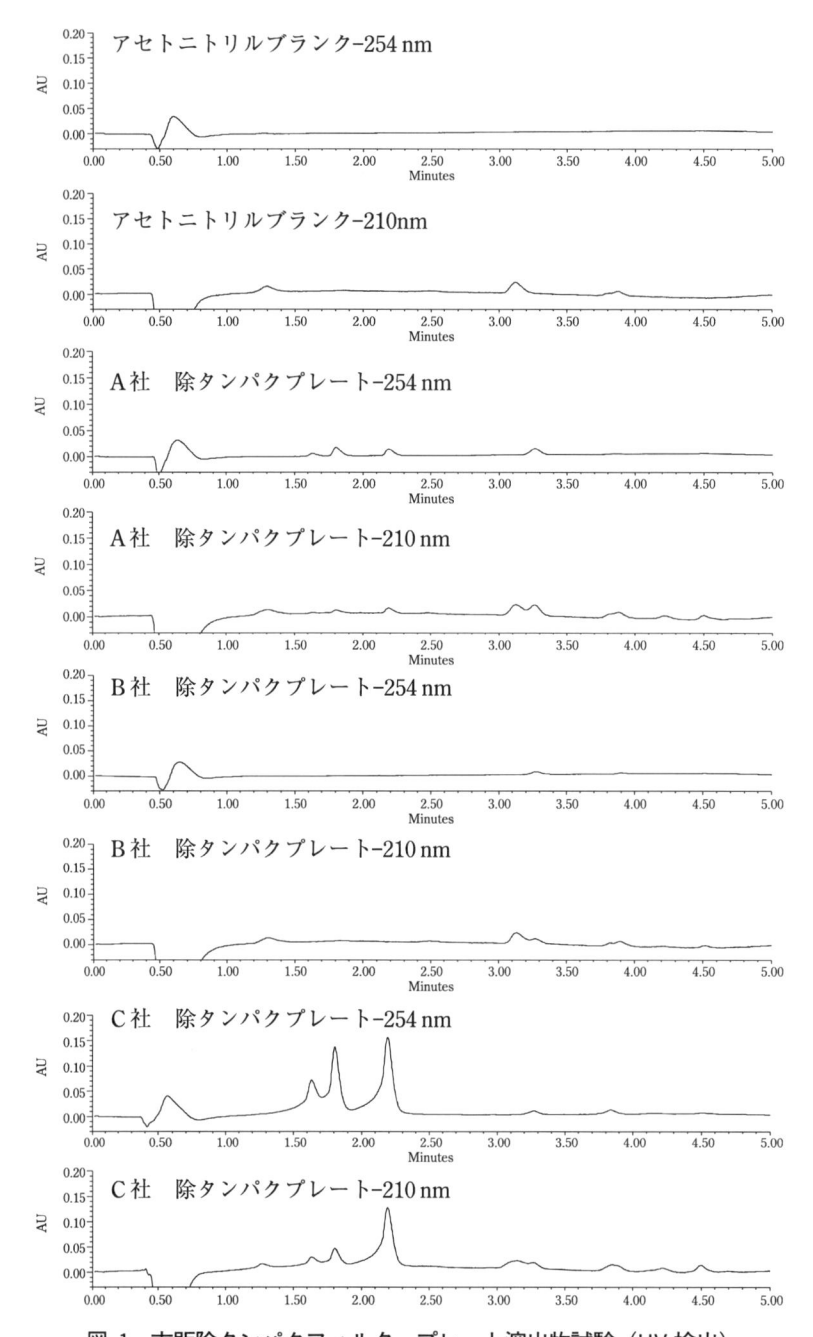

図 1 市販除タンパクフィルタープレート溶出物試験（UV 検出）

3種類の市販除タンパクプレートを通過させたアセトニトリルと通過させないアセトニトリル（ブランク）を，逆相 HPLC にインジェクションし，UV 検出したもの．

図 2 市販除タンパクフィルタープレート溶出物試験（MS 検出）

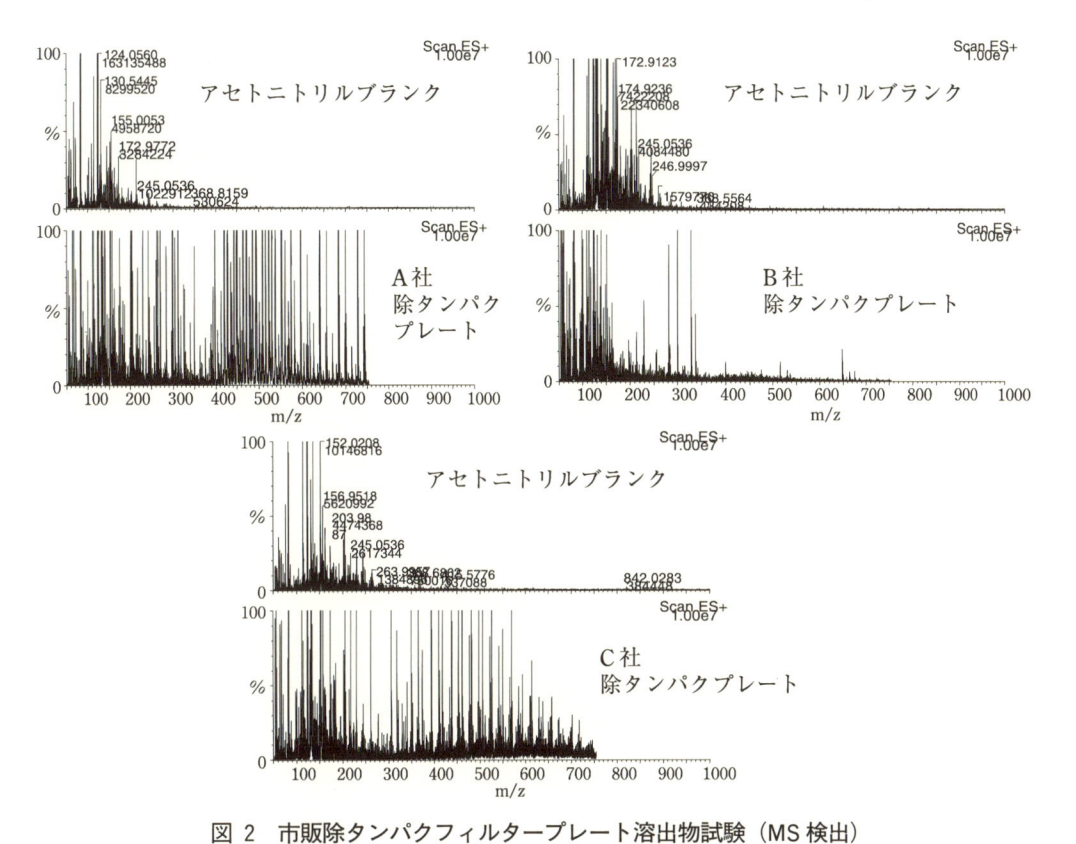

図1と同一の試料を LC/ESI＋/MS フルスキャンで試験したもの．UV，MS ともに，メーカーによって除タンパクプレートから異なる溶出物量が確認されている．

Question

69 キャピラリー用モノリスカラムを用いて多量試料を導入できますか．また，多量注入の際にどのようなことを注意すればよいですか．

Answer

1. モノリスカラムの特徴と試料導入の留意点

モノリス型カラムの構造上の特徴は，3次元網目骨格と数μm以下の流路径（スルーポアなど）が連続一体となった構造にあります．一般に，カラム全体の空間の占める割合（空隙率）が80％以上と非常に大きいため，圧力損失が小さく，ハイスループット化を目的とした高速分析が可能になります．しかし，この大きな空隙率は，逆に表面積や炭素含有率が小さいことを意味し，このため同サイズの粒子型充塡カラムに比べて試料負荷容量が小さいこと，試料溶液量の影響を受けやすいことなどの欠点があります．

モノリスカラムを用いて，分析試料を多量に導入する際には，次に示す点に留意します．図1に，ポリマー形モノリスカラム（内径200μm×長さ5cm）に一定容量1μLの試料を直接導入した場合のペプチド類の試料負荷量とピーク半値幅の関係を示します．この図では，負荷量が約1μgからピーク半値幅が大きく増加し始めています．すなわち，試料最大負荷量は約1μg付近であることがわかります．

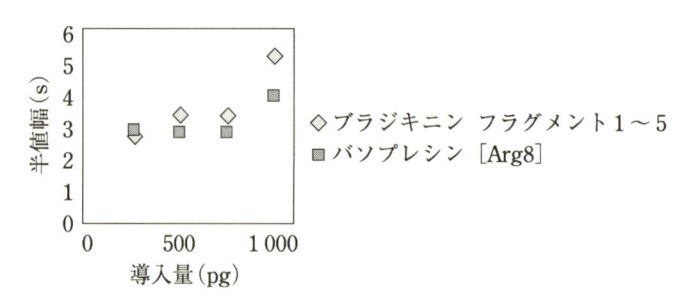

図1 ポリマー系モノリスカラムによるペプチド類の負荷量とピーク半値幅の関係

2. モノリスカラムとモノリストラップカラムの使用

一般に，MS検出器と接続する場合，脱塩・濃縮を目的としてモノリストラップカラムにいったん試料中の分析対象種を吸着した後，流路をモノリスカラムに切り替えて溶出分離を行います．内径300μm，長さ5mmのモノリストラップカラムをカラムスイッチングバルブに接続した流路図を，図2に示します．この場合，モノリストラップと本体のモノリスとは同一素材の物を使用します．試料にチトクロームCのトリプシン消化物を用いて，直接モノリスカラムに導入した場合のクロマトグラムパターンとモノリストラップカラムを用いて脱塩濃縮した後のクロマトグラムパターンを比較したものを，図3に示します．モノリストラップカラムを

使用する場合の留意点は，両者のクロマトグラムのパターンが同一で100％回収されること，速く溶出される成分（極性の高い成分）にピーク強度の変化のないことです．ここで，脱塩や濃縮に用いる溶出液の量が必要以上に多いとモノリストラップカラム内で破過が発生して，分析対象種の損失を引き起こす原因になります．一例として，図4にモノリストラップカラム上にトラップされる四つのペプチド類について試料輸送用溶液（フラッシュ溶液）の容量とピーク面積の関係を示します．フラッシュ溶液の組成は，一般にペプチド類によく用いられる0.1％TFAを含む2％アセトニトリル溶液です．

この図からわかるように，フラッシュ溶液の容量が150 μLを超えたところでペプチド類の破過が発生し始め，さらに極性の高い成分はその影響を著しく受けることがわかります．直接モノリスカラムに試料を導入するときは，このフラッシュ容量は，試料溶媒量に置き換えて考えることができます．この場合，試料溶液の多量注入は，試料成分の損失でなくピーク形状に

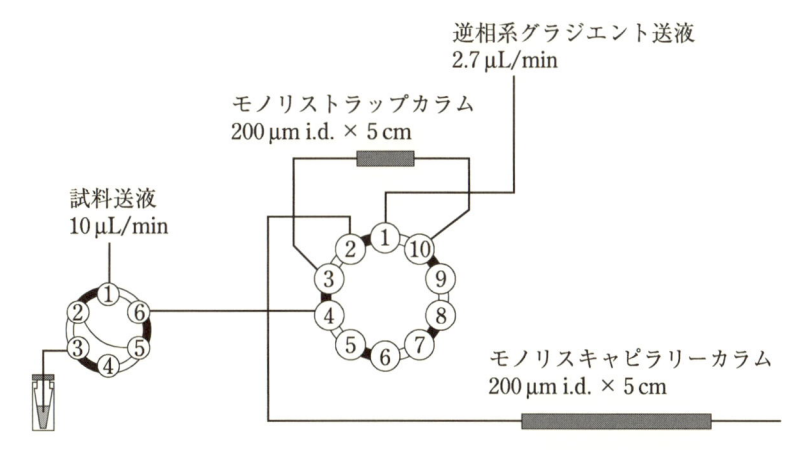

図2 カラムスイッチングバルブにモノリストラップカラムを接続した流路図

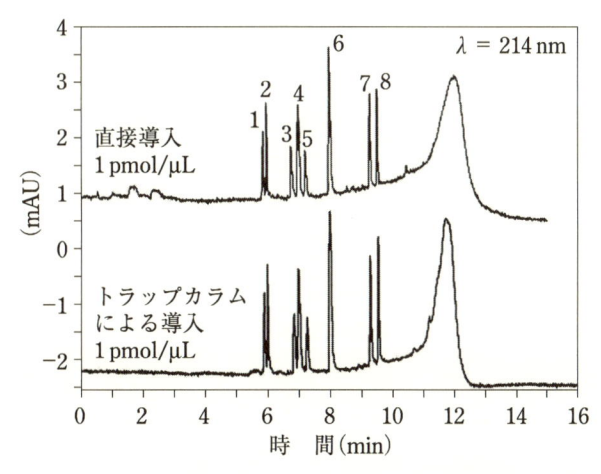

図3 チトクロームC消化物をモノリスカラムに直接導入したクロマトグラムパターンとトラップカラムを経て導入したものの比較

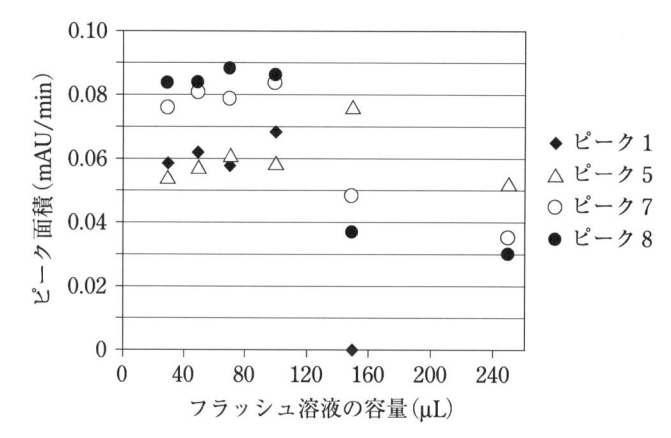

図4 モノリストラップカラム上にトラップされる四つのペプチド類について，フラッシュ溶液の容量とピーク面積の関係

フラッシュ溶液：0.1%TFAを含む2%アセトニトリル溶液，ピーク番号：図3の上部のクロマトグラムのピーク番号に相当．

影響を与えます．このようにモノリスカラムを用いる場合，モノリスカラムに直接導入する，またはいったんトラップカラムに濃縮した後モノリスカラムに導入する，いずれの場合においても，試料負荷量とフラッシュ容量についてあらかじめピーク形状（半値幅など）やピーク面積値に与える影響を検討した後，最適な条件で分析することが必要となります．

Question 70

標準品のピークはきれいなのですが，**生体試料など天然物由来のものだと同一成分でもピークがブロードになったり，テーリングしたり**しています．これはなぜでしょうか．解決法を教えてください．

Answer

いくつか原因が想定されます．

① 生体試料由来の夾雑成分が多量に存在し，分析カラムのキャパシティおよび効率を低下させている．

② 標準品が溶解している溶液の組成（有機溶媒の種類と混合比，pHなど）と生体試料（前処理をしている場合は前処理試料）溶液の組成が異なっている．

解決案としては，①の場合は適切な試料前処理をして，測定対象成分以外の成分をできる限り除去する．②については，標準品溶解溶液と同一組成（もしくは，それに近い組成）に統一する方法があります．特に，②については，HPLCの場合は標準品および実試料ともに移動相に溶解してインジェクションすることが最良の方法です．図1に，その例を示します．

(a) のクロマトグラムは血清にテトラサイクリン系抗菌剤を添加し，ウォーターズ社 Oasis HLB で逆相固相抽出したサンプルをメタノール100％に溶解した状態でインジェクションしたもの．(b) のクロマトグラムは同一サンプルを一度減圧乾固し，移動相で再溶解し，インジェクションしたもの．

分析カラム：ODS

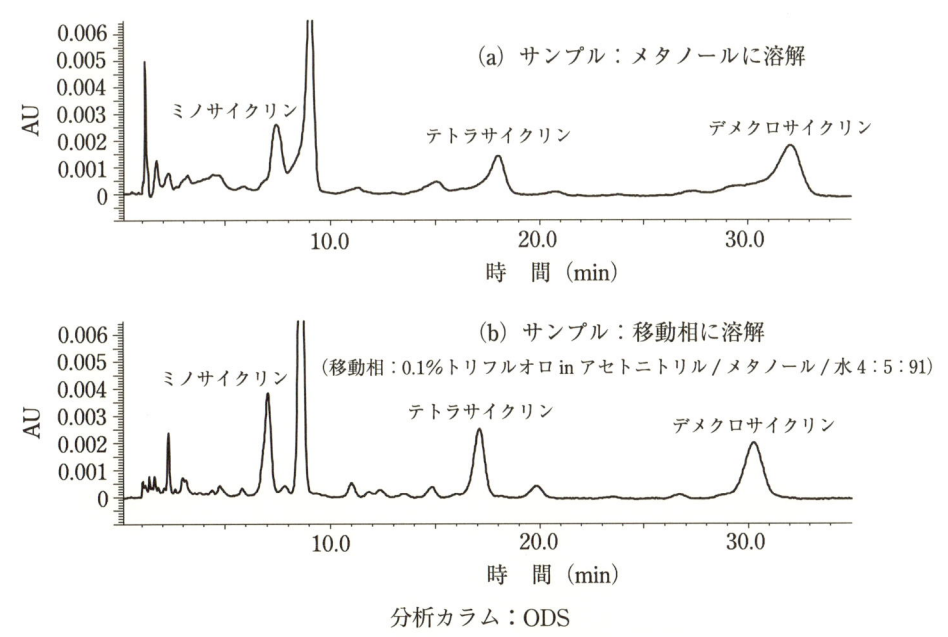

図1 HPLC分析における試料溶解液の影響

Question

71 ペプチド類をカラムスイッチング法を用いていったんトラップカラムに吸着させる場合，どのような移動相が最適ですか．

Answer

　分析試料の成分をカラムスイッチング法（図1，表1）により分析する場合，同族体や同系列の混合物をトラップカラムでいったん保持させる際に注意すべきことは，混合物の性質がすべて共通しているとは限らないことです．すなわち，混合物の中にはトラップカラムにトラップされずに溶出されるものや，トラップカラムに保持したまま脱着されない成分があることです．分析対象種がペプチド類である場合，逆相分配系のトラップカラムにすべてトラップすることは不可能で，分子量の小さく極性の高い成分は保持されずに通過することがあります．

　この影響を見るため，次のような実験を行いました．前処理用移動相および分離用移動相にヘプタフルオロ酪酸（以下，HFBA という）またはトリフルオロ酢酸（以下，TFA という）を用いて分析したタンパク質消化物のクロマトグラムの比較をしたものを，図2に示します．図2の中のクロマトグラム#1と#2を比較すると，前処理用移動相に TFA でなく HFBA を添加した方が，5分に溶出する二つのペプチド成分が検出できていることがわかります．さらに，クロマトグラム#3の分離パターンからわかるように，分離用移動相に HFBA を添加した方が，全体に溶出時間が遅れています．

　このことから，HFBA は TFA よりイオンペア試薬として強く作用していることがわかります．ただし，検出器が ESI/MS の場合，強いイオンペア試薬の存在は，かえってイオン化を妨げるため好ましくありません．むしろ，分析用移動相には TFA より弱いギ酸または酢酸が使

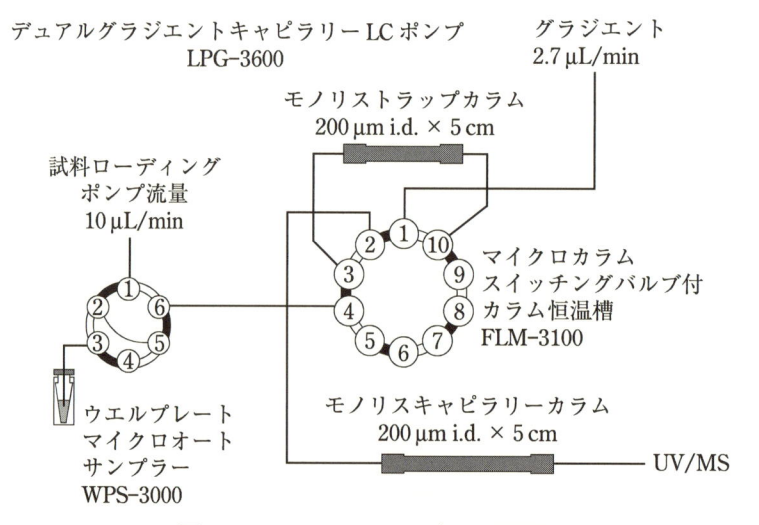

図1　カラムスイッチング法の流路図

用されます．

以上のことから，トラップカラム用の移動相には HFBA などの比較的強いイオンペア試薬を用い，分離用の移動相には，検出器に適合した添加試薬を用いることが最も良好な分析条件といえます．

表1　カラムスイッチング法の分析条件

LC システム	UltiMate 3000　ダイオネクス社製
分離カラム	モノリスキャピラリーカラム，PS-DVB，内径 200 μm×長さ 5 cm
移動相	A 液：0.05％ TFA 水溶液 B 液：水/アセトニトリル＝1/1(v/v)，0.04％TFA を含む
流速	2.7 μL/min
グラジエント条件	B 液：0〜70％（7 分間）ペプチド類の分離 B 液：30〜100％（25 分間）タンパク質の分離
トラップカラム	モノリストラップカラム，PS-DVB，内径 200 μm×長さ 5 mm
試料輸送用移動相	0.05％ TFA またはヘプタフルオロ-n-酪酸水溶液
流速	10 μL/min
カラム温度	60℃
試料導入量	チトクローム C の消化物 1 pmol
検出器	UVD-3000（3 nL フローセル付）ダイオネクス社製
波長	214 nm

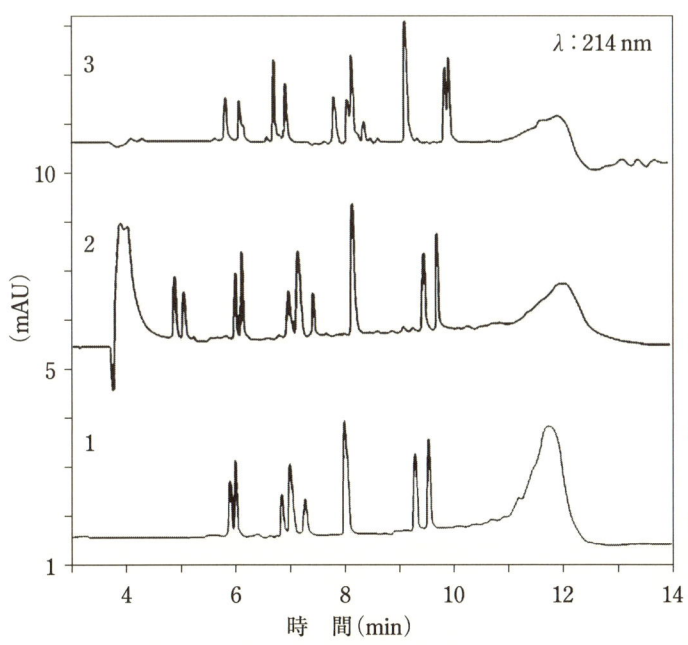

1：前処理用移動相または分離用移動相に 0.05％の TFA（トリフルオロ酢酸）を添加した場合
2：前処理用移動相に 0.05％の HFBA（ヘプタフルオロ酪酸）を，分離用移動相に 0.05％の TFA を添加した場合
3：前処理用移動相または分離用移動相に 0.05％の HFBA を添加した場合

図2　前処理用移動相および分離用移動相にヘプタフルオロ酪酸またはトリフルオロ酢酸を用いて分析したタンパク質消化物のクロマトグラムの比較

Question

72 タンパク質の消化物（ペプチド）を高速分析する方法を教えてください．

Answer

粒子径 3 μm の短いサイズの逆相カラムを使用すれば，分離を維持したまま分析の高速化を達成できることがあります．粒子径 3 μm の充塡剤を使用すると，圧力は高くなるものの，通

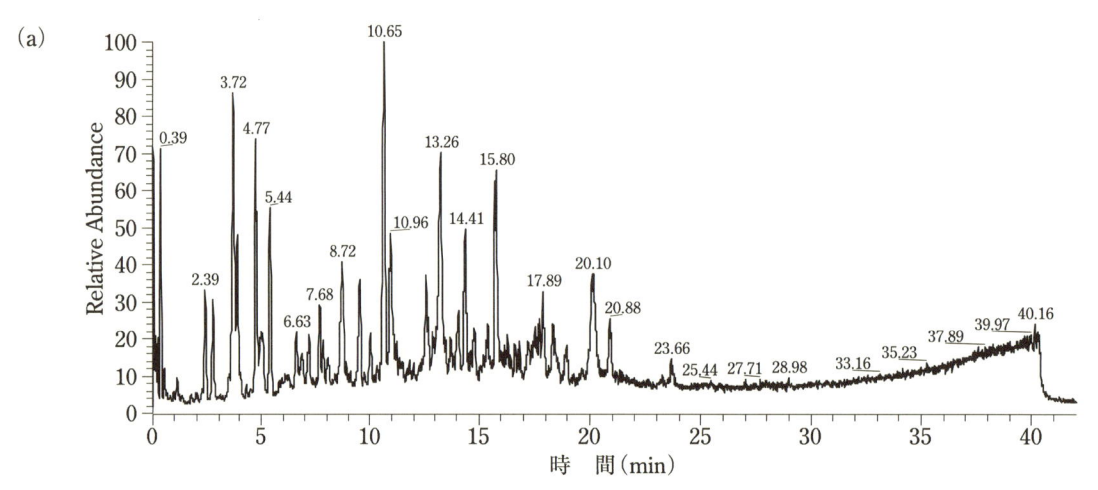

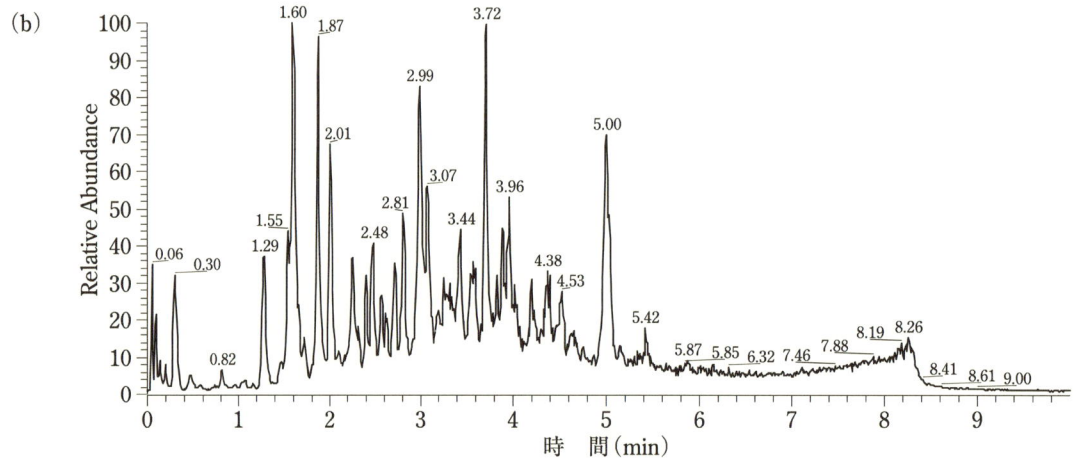

〈分析条件〉
カラム：CAPCELL PAK MG II S3，カラムサイズ：2.0 mm i.d.×20 mm，カラム温度：40℃
移動相：A；0.05％ギ酸/水，B；0.05％ギ酸/アセトニトリル
検　出：ESI, Full scan（m/z=500～1 000），装　置：NANOSPACE SI2－LCQ Duo
(a)：通常の条件；200 μL/min，A/B 98/2 → 50/50（40 分）→ 98/2（40.1 分），6 MPa
(b)：流束 5 倍，グラジエント傾斜 5 倍；1000 μL/min，A/B＝98/2 → 50/50（8 分）→（8.1 分），16 MPa

図 1　LC/MS によるヒト血清アルブミンのトリプシン消化物分析の高速化①

常よりも大きな線速度でカラム効率が維持されます．これにより，従来の 5 μm の逆相カラムと比べて，分離能が改善されるうえ，分析時間を短縮化できます．

次式に，Van Deemter の式を示します．

$$H = Ad_p + B/u + Cd_p^2 u$$

ここで，H：理論段高さ，u：線速度，d_p：粒子径，A，B，C：定数．

この式より，理論段高さは粒子径が小さいほど低くできることがわかります．しかしながら，カラム圧は粒子径の 2 乗に反比例するため，粒子径を小さくするにも，カラムと装置の耐圧性には限界があります．一般に，市場に出回っているカラムの耐圧性は，上限が 20 MPa 程度です．特殊な仕様の装置とカラムを使わない前提では，粒子径 2.5 μm 程度までの充塡剤が限界であり，それ以下の粒子径のカラムでは圧力が限界を超えるため，高流速では使用できなくなります．

なお，C は完全な定数ではなく，固定相中での物質移動に対する抵抗の要素を含みます．従来の一般的なシリカゲルは，溶質が移動しにくいインク壺型の細孔形状を有しているといわれていますが，細孔の形状で凹凸が少ないシリカゲルでは理論段高さを低くすることができます．

実際に，内径 2 mm，長さ 20 mm の C18 カラム（3 μm）を用いて，ペプチド（ヒト血清アルブミンのトリプシン消化物）の LC/MS 分析した例を，図 1 に示します．流速を 5 倍，グラジエントの傾斜を 5 倍まで上げても，分離状態がほとんど維持されたまま，分析時間は 40 分から 8 分に（1/5）に短縮できます．さらに，図 2 に示すように，同じカラムを用いて流速を 5 倍，グラジエントの傾斜を 20 倍の条件で分析しても，かなりの数のピークを分離できます．このときのカラム圧は，配管抵抗も含めて 16 MPa であり，十分に実用的な分析といえます．

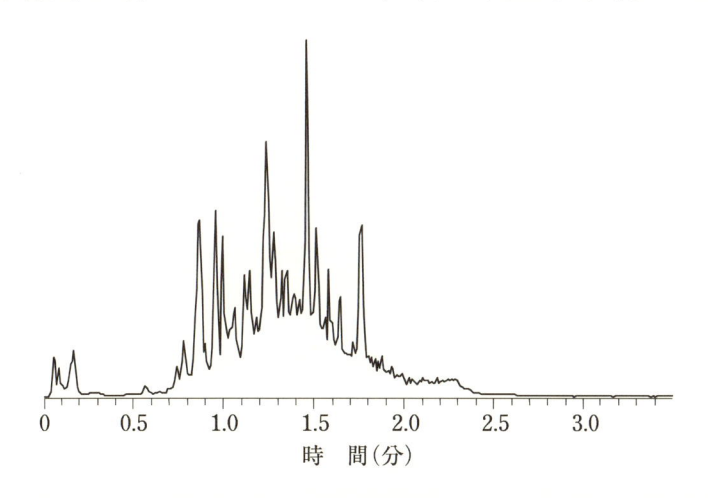

〈分析条件〉
カラム：CAPCELL PAK MG II S3，カラムサイズ：2.0 mm i.d. × 20 mm，カラム温度：40 ℃
移動相：A；0.05 % ギ酸/水，B；0.05 % ギ酸/アセトニトリル
検　出：ESI, Full scan（m/z = 500〜1000），装　置：NANOSPACE SI-2-LCQ Duo
グラジエント傾斜 20 倍，流束 5 倍；1000 μL/min，A/B = 98/2 → 50/50(2 分)→(2.1 分)，16 MPa

図 2　LC/MS によるヒト血清アルブミンのトリプシン消化物分析の高速化②

Question

73 アミノ酸分析や有機酸分析に使える誘導体化試薬に，いろいろな種類があります．どれを選んでいいかわかりません．

Answer

誘導体化試薬を用いることで，検出能（検出感度，検出の選択性）を向上させたり，分離能（分離度，分離係数，理論段数）を向上させたりすることができます．HPLCでアミノ酸や有機酸を測定する場合の誘導体化の目的は，前者が圧倒的に多く，さまざまな試薬が開発・市販されています．誘導体化試薬選択のポイントを，アミノ酸分析を例に説明します．

1．感度よく測定するには

アミノ酸分析に使われる誘導体化試薬のほとんどは，アミノ基と反応し，アミノ酸は特徴的な吸収や蛍光性を有する誘導体になります．蛍光性誘導体化の方が，感度よく測定できます．例えば，市販のアミノ酸分析計に用いられる試薬には，ニンヒドリン（可視：第一級アミノ酸 570 nm，第二級アミノ酸 440 nm）と OPA（蛍光，λ_{ex}：340〜345 nm，λ_{em}：455 nm）がありますが，感度は OPA の方が約10倍優れています．蛍光誘導体化試薬には，OPA のほかに，6-アミノキノリル-N-ヒドロキシスクシニルイミド（AQC，λ_{ex}：245 nm，λ_{em}：395 nm），フルオレセインイソチオシアネート（FITC，λ_{ex}：490 nm，λ_{em}：515 nm），4-フルオロ-7-ニトロベンゾフラザン（NBD−F，λ_{ex}：470 nm，λ_{em}：530 nm），9-フルオレニルメチルクロロホルメート（FMOC−Cl，λ_{ex}：266 nm，λ_{em}：310 nm）などが市販されており，いずれも subpmol〜fmol レベルのアミノ酸を定量することができます．

食品中のアミノ酸を測定するのであれば，ニンヒドリン法の感度で十分です．

逆に，感度がよくなると，環境からのコンタミに注意が必要となります．

2．選択性を高めるには

生体には，250〜260 nm に強い吸収をもつ化合物が数多くあり，フェニルイソチオシアナート（PITC）は，それらの影響を受けてしまいます．PITC は，タンパク質加水分解物の測定には適しますが，生体試料には適しません．

また，自蛍光を有する生体成分も少なくありません．それらの妨害を避けるためには，高波長領域に励起・蛍光波長を有するもの，例えば，NBD−F や FITC で誘導体化することが望ましいといえます．

3．分離をよくするには

一般に，誘導体化はアミノ酸の疎水性度を増すので，逆相 HPLC が使えるようになります．しかし，試薬が結合することで，アミノ酸それぞれの構造の差が小さくなり，分離が難しくなる場合があります．そのため，骨格の小さな PITC や OPA で誘導体化する方が，分子の大き

なFITCなどに比べ，分離の調整はしやすいといえます．

4．試薬の反応性にも注意

　ここにあげた試薬のほとんどは，第一級アミンにも第二級アミンにも反応しますが，OPAは第二級アミンには反応しません．プロリンなどを含むアミノ酸を測定したい場合，OPAは適しません．

　逆に，4-クロロ-7-ニトロベンゾフラザン(NBD－Cl)のように，第二級アミンにしか反応しない試薬もあります．

　測定したいアミノ酸によって，試薬を替える工夫もできます．

Question 74

アミノ酸を分析したいのですが，**プレカラム誘導体化法とポストカラム誘導体化法との使い分け**について教えてください．

Answer

　HPLCによるアミノ酸分析には，従来からニンヒドリン試薬を用いるポストカラム法が汎用されてきていますが，最近では高感度化や分析時間の短縮をはかる目的で，o-フタルアルデヒド/チオール試薬を用いる蛍光ポストカラム検出法や，各種のプレカラム誘導体化法が利用されるようになっています．

1. ポストカラム法とプレカラム法の特徴

　一般に，ポストカラム法は試薬をポンプで自動的に送液するため，測定の全自動化が容易になり多検体の連続分析も可能ですが，装置が複雑化することや検出感度の点ではプレカラム法に比べた優位性がどうしても低くなります．一方，プレカラム法は通常のHPLC装置の構成（ポンプ→インジェクター→カラム→検出器）で対応できる場合がほとんどで，試薬と検出器との組合せ次第では極めて高い検出感度が期待できます．また，従来，プレカラム誘導体化反応はHPLC分析とは別途に人の手をわずらわせて行うのが普通で，このため多くの試料を連続的に分析するのには不向きといったことがありました．しかしながら，最近はこのプレカラム誘導体化を自動的に実施するオートサンプラーが出現し，プレカラム方式の自動分析も現実的になってきました．

　このため，アミノ酸分析のプレカラム法とポストカラム法には，その実用性や優位性という点であまり差がないように思えますが，両者の手法を選択するうえで重要なことがあります．それはどのような試料中のアミノ酸を分析するかという点にあります．

2. アミノ酸分析の目的と方法

　アミノ酸分析として代表的なものに，生化学領域でのタンパク質のアミノ酸組成分析，臨床化学領域での体液中遊離アミノ酸測定，食品化学分野の食品中アミノ酸分析などがあります．前者のタンパク質アミノ酸組成分析という目的には，プレカラム法が適していると思います．この領域では，少しでも高感度で測定し貴重な試料の消費を抑える必要があります．また，タンパク質量から含まれるアミノ酸の量をおおよそ把握することが可能ですし，アミノ酸以外の試薬と反応する類似構造化合物（アミノ化合物）の存在はほとんど考慮する必要がありません．したがって，試料に加えられるべき誘導体化試薬の十分量をある程度算定することができるため，標準品を用いて設定した誘導体化の条件設定をほぼ踏襲して実試料の分析に適用できます．

　これに比べ，体液中や食品中のアミノ酸では，例えばある特定のアミノ酸が異常に多く含まれていたり，アミノ酸以外のアミノ化合物の混在も十分に考えられます．こういった試料にプ

レカラム誘導体化を実施した場合，誘導体化試薬が濃度の高いアミノ酸やアミノ化合物に消費されてしまい，含量の低いアミノ酸には行き届かなくなり，このため，含量の低いアミノ酸の定量値が本来の含量より著しく低い値になる可能性があります．この点で，ポストカラム検出法では常に同じ濃度の試薬が供給されているため，例え異常に含量の高い成分の定量値が正確性を欠いてしまったとしても，その他の成分の測定値は信頼性を保つことになります．

このように，試料の特性を把握して，両手法を選択する必要があります．また，いずれの方法においても，実試料を測定するときには，試料をある程度希釈して同様に測定したデータと対比させ，各定量値に矛盾がないかをチェックする必要がある点にも留意してください．

4章　LC/MS

Question

75 LC/MSって何ですか．

Answer

　LC/MSは，液体クロマトグラフ（LC）と質量分析計（MS）を接続した装置です．LCは，液体を移動相として用いるクロマトグラフの総称で，混合物試料の成分分離に用いられます．MSは，イオン源でイオン化された（イオンになった）分子や原子（原子団）を，真空に保たれた分析部で質量分離し，検出器に衝突したイオンの量を電流値に変換し，質量電荷比（m/z）として検出する分析装置です．

　LC/MSを使うと，LCで分離された混合物成分を順次MSに導入し，各成分のマススペクトルを得ることができます．マススペクトルを測定することで，分析種の分子量を確認したり，マススペクトルのパターン解析から構造推定をすることができます．また，特定したイオンのm/zの時間変化を，クロマトグラム（マスクロマトグラム）として得る機能を利用して，定量分析を行うこともできます．MSは基本的には高感度な分析装置ですから，LCと接続することで，複雑な混合物中に含まれる微量成分の定性・定量分析が可能となります．

　定性能力の比較的高いLCの検出器としては，多波長吸光光度検出器（DAD）がありますが，MSはDADに比べるとはるかに高い分解能で，物質の質量にもとづくスペクトルを得ることができます．そのため，MSは高感度かつ確度の高い定性分析が可能なLC用検出器として利用できます．

　LC/MSの応用としては，タンパク質の同定（一次構造解析），医薬品代謝物の構造解析や定量分析，環境汚染物質の定性・定量分析，各種疾患マーカーのスクリーニング，化学品の品質管理や不純物分析，コンビナトリアルケミストリーとの組合せによる化学合成品のハイスループット同定，など実に多くの例があげられます．

　LC/MSにはさまざまな種類のMS分析計が使われています（四重極MS，飛行時間型MS，イオントラップMSなど）が，分析の目的に対しての向き不向きは異なりますので，LC/MSを用いたアプリケーションは，分析計の種類に大きく依存します．この詳細については，「液クロ龍の巻」Q74や本書Q80を参照してください．

Question

76 LC/MSで感度が低下しました．LC部の汚れが原因のようなのですが，どうすればよいですか．

Answer

　LC部の汚れが原因で，感度が落ちる場合を，装置の構成部分ごとに説明します．

1. 移動相

　溶媒が汚れると，ケミカルバックグラウンドが大きくなり，SN比が低下することがあります．また，TICではベースラインが高くなり，ピークの検出が難しくなります．このような場合は，移動相を交換してください．超純水製造装置を使用している場合では，製造装置の設置環境の変化やフィルターのメンテナンス時期などを確認することも必要です．

　溶媒が汚れているのか，装置が汚れているのかを診断するためには，シリンジポンプから直接に導入した溶媒と，LCから導入した溶媒とのスペクトルとを比較します．

2. 溶媒ライン

　水系の溶媒，特に数mM程度のバッファーをセットしていたソルベントチューブ（溶媒引込みライン）にはコケや微生物が生えることがあります．これらを落とすには，強酸・強アルカリで洗浄することが必要になるが，このような場合は，思い切って交換してしまった方がよいでしょう．

　ソルベントチューブには，しばしば焼結フィルターが取り付けられています．このフィルターの汚れもノイズの原因となります．取り外して超音波洗浄を行うか，新品と交換します．

3. デガッサー

　水道水とは違い，移動相に用いる水あるいは薄い酸や緩衝液はコケや微生物が発生しやすく，減圧型のデガッサー内部に残したまま放置したり，ヘリウムパージ型デガッサー用のフィルターを浸けたまま放置したりすると，発生したコケや微生物がケミカルノイズの原因となることがあります．デガッサー機能を継続させている場合はほとんど心配ありませんが，スイッチを切った後は，なるべく早めにメタノールやイソプロパノール（IPA）あるいはそれらが数十％以上入った移動相溶媒に置換しておきましょう．汚れてしまった場合には，弱い塩基性水溶液での洗浄が効果的です．ひどい汚れの場合には，塩基性水溶液のまま一晩程度放置してからすすぎます．すすぎは薄い酸でアルカリ成分を拭った後，水を使うとアルカリ成分の残存を抑えることができます．しばらくの間使う予定がない場合には，メタノールやIPAに置換するとよいでしょう．

　また，減圧型のデガッサーでは，まれにチューブを接合している部分から接着剤が溶け出すことがあります．44刻み（$-[(CH_2)_2O]-$）や58刻み（$-[(CH_2)_3O]-$）などのポリマーに特有な連続したスペクトルが現れます．装置内の溶媒を入れ替えると，たいていの場合，問題の

ないレベルまで下がります．

4．ポンプ

トリフルオロ酢酸（TFA；$m/z=113$）やトリエチルアミン（TEA；$m/z=102$），あるいは各種イオンペア試薬（例えば，dibuthylammonium acetate；$m/z=130$，パーフルオロのカルボン酸など）を添加した移動相を使っていませんでしたか．

これらの化合物は LC に残りやすく，かつイオン化を著しく阻害します．

これらの試薬を使用していた履歴があったら，それらのイオンが出なくなるまで，50％メタノールなどで流し続けてください．回復までに3〜4日かかることもまれではありません．場合によっては，ポンプヘッド（特に，プランジャーシール付近）の分解清掃を行います．

また，HPLC の洗浄の目的で 6 M 硝酸などを流した履歴はありませんか．

溶媒ラインにカビが生えてしまった場合など，有機物を分解する目的で 6 M 硝酸などといった強い酸，アルカリを流すことがありますが，硝酸もまた HPLC に残りやすく，かつネガティブへのイオン化を著しく阻害します．LC/MS 用の装置の洗浄としては不適切です．対応策としては，硝酸イオン（$m/z=62$）が出なくなるまで洗い続けるしかありません．除去できるまでに，1週間程度かかることがあります．場合によっては，ポンプヘッドの分解洗浄をします．

5．インジェクター

インジェクター内部の汚染によるキャリーオーバーはよく知られていますが，ピークとして現れる場合とベースラインを上昇させる場合があります．前者は視覚的に気がつきやすいのですが，後者はバックグラウンドのケミカルノイズの増加によってベースラインが上昇し感度が低下しているため，連続してベースラインをモニターしていない限り，気がつきにくいキャリーオーバーです．

インジェクターの種類や材質はいろいろあるので，すべてを網羅することはできませんが，一般的には接続部分の空隙，ニードル，ニードルシート，インジェクションポート，インジェクションポートとローターシールとの間は試料が残存しやすい場所です．ローターシール自体に残存する場合もあります．接続空隙を最小限にする努力はもちろんですが，ローターシールや配管の材質の変更あるいはインジェクターの機種を変更することで問題が解決する場合があります．しかし，基本的にはインジェクションごとに適切な溶媒で洗浄することと，分析開始前に汚染がないことを実証することが最も大切だと思います．オートサンプラーの機種によっては複数の溶媒を選択して，さまざまな洗浄プログラムを組むことができます．また，低吸着材質を用いた機器も市販されているようです．試料の前後を洗浄用の溶媒で満たしてインジェクションする方法も，キャリーオーバーを削減させるには効果的です．

6．カ ラ ム

LC/MS，特に SIM や MRM 分析ではターゲットとしているもの以外は記録されないため，カラムの汚れを見逃しがちです．常日ごろから，よく洗浄しておく必要があります．ターゲット化合物とこの汚れによるピークとが同時に溶出すると，マトリックス効果（イオン抑制）に

より感度が低下することがあります．

　これは新品のカラムでも同様で，カラムに残留していた未反応のODSが溶出力の強い溶媒で溶出してくることがあります．0.1％ギ酸を含むメタノールあるいはイソプロピルアルコールでカラムを洗浄します．

　最後に，システムを洗浄するための代表的な溶媒を紹介します．それぞれ移動相としてポンプから送液します．いずれの洗浄液も，MSには導入しないでください．

洗浄溶媒1：25％アセトニトリル，25％メタノール，25％水，25％イソプロピルアルコール，0.2％ギ酸（カラム洗浄可，ファーストチョイスの洗浄溶媒）

洗浄溶媒2：50％アセトニトリル，49％水，1％水酸化アンモニウム（カラム洗浄不可，アルカリ性でPEGなどのポリマー洗浄に効果がある）

洗浄溶媒3：30％リン酸水溶液（カラム洗浄不可，最終的な溶媒で最後に徹底的にシステムを洗浄する必要があります）

Question

77 LC/MS(/MS)で高いスペクトル感度が得られる分析計を教えてください．

Answer

　高いスペクトル感度が得られるMSはイオントラップ質量分析装置（ITMS），フーリエ変換イオンサイクロトロン共鳴質量分析装置（FT-ICRMS），飛行時間型質量分析装置（TOF-MS）です．ITMSとFT-ICRMSはイオンを蓄積してイオン密度を高めることができます．また，TOF-MSは分析計に導入されたイオンがすべて検出器に届くため，高い感度が得られます．

　これらのスペクトル感度は四重極（Q）MSに比較して，数十倍から数百倍になります．ここでは，ITMSについて少しくわしく説明します．

　ITMSには，リング電極とエンドキャップ電極で構成された3次元イオントラップ（3DIT）MSと，通常の四重極MSと同様に4本の電極で構成されたリニアイオントラップ（LIT）MSがあります．現在市販されているものにおいては，トラップ容量とイオントラップ効率，イオンリリース効率をかけ合わせると，若干LITの方が感度は高いようです．一方，3DにはMS^{n}ができるといったメリットがあります．ITMSは高感度である一方，低分子側のスペクトルをトラップできないという問題がありました．これを，low-mass-cut-offまたは3分の1効果といいます．しかし，それを改善したモデルもあります．さらに，ITMSはスキャンスピードを遅くすることで，分解能を高めた測定も可能です．

　ITMSを他のMSと連結したハイブリッドMSも市販されており，それぞれの特長を生かした高感度スペクトルが得られます．

　四重極MSとリニアイオントラップMSを連結したのがQ/LITMSです．通常のITMSは混合イオンをすべてトラップしてから選択するのに対して，Q/LITMSは四重極MSでまず選択してからトラップできるので，目的のイオンを高感度に測定する場合に有効です．また，トリプル四重極MSとしての機能も活用でき，low-mass-cut-offのない高感度MS/MSスペクトルを得られます．つまり，MRM定量分析と同時に，トリプルQMSでは取得に無理のある微量成分の高感度MS/MSスペクトルを得ることが可能です．

　TOF-MSやFTMSと連結させたハイブリッドMSとしては，3DIT/TOF-MSやLIT/FTMSがあります．これらはITMSでトラップしたイオンをTOF-MSやFTMSで測定し，高感度な高分解能スペクトルを得るというものです．また，ITMSでMS/MSを行うこともできます．

　なお，質量分析計の種類にかかわらず一般的にいえることは，イオン化効率の高いイオン源と，イオン導入効率の高いインターフェース，そしてイオンのロスが少ない収束性の優れたイオン光学系と高感度な検出器をもつ分析計が高いスペクトル感度を得ることができます．

Question

78 LC/MS/MS で問題になるクロストークについて教えてください．

Answer

　LC/MS/MS におけるクロストークとは，シングル四重極 LC/MS，トリプル（三連）四重極 LC/MS/MS（以下 QqQ）で複数成分の SIM または MRM 一斉分析を行ったとき，ある成分のイオンクロマトグラムに他の成分のシグナルがかぶって現れることをいいます．ここでは，トリプル四重極のクロストークについて，くわしく説明します．

　第一四重極 MS（Q1）で選択したプリカーサーイオンから，第二四重極コリジョンセル（Q2）で生成させたプロダクトイオンのうち第三四重極 MS（Q3）で選択したものをモニタリングイオンとして検出するのが，QqQ の MRM（マルチプルリアクションモニタリング）モードです．一方，QqQ による一斉分析は，例えば，10 成分の場合 10 の MRM トランジション（標的成分を検出するための Q1 と Q3 の組合せ）で，この MS の作業を連続的に繰り返します．MRM モードでは，イオンは Q2 で窒素などの不活性ガスと衝突するため，運動エネルギーを失います．そして，すべてのモニタリングイオンが Q3 を通過し終わらないうちに，次の成分の MRM トランジションに切り換わったとします．両者の Q3 設定が同じだったとき，漂っていた前者のイオンが Q3 を通過し，あたかも後者の成分由来のイオンであったかのように検出されます．これがクロストークです．

　残留農薬のポジティブリスト制などの導入をはじめ，一斉分析の成分数を増やす必要性が増しており，リーズナブルなマスクロマトグラムを描くためのデータサンプリングポイントを確保するには，MRM トランジションの切換え時間（dwell time とポーズタイムの合計）を短くしなければなりません．そして，特に農薬は同類の化合物が多く，Q3 モニタリングイオンが同じになる場合が多いといえます．したがって，クロストークに対しては以前にも増して注意が必要になっています．

　クロストークを回避する方法は「液クロ犬の巻」Q94 でも述べましたが，最も簡単で有効な方法は，多成分一斉分析の MRM チャネルを組むとき，同じ Q3 モニタリングイオンをもつ MRM トランジションは隣り合わないようにする，ということです．

　また，1 サイクルの時間は長くなりますが，イオンを排出する時間であるポーズタイムを長くするという方法も有効です．

　さらに，Q2 コリジョンセルに電位差を設けるなどの機構があるトリプル四重極であれば，衝突で減速したイオンを加速して強制的に排出することになり，かなりクロストークを回避できます．そのような機構はイオンの滞留を防ぐため，感度低下も回避できます．一斉分析の成分数がますます増えるといったことや，ハイスループット化の要求から高速 HPLC を利用し

ピークの溶出時間が短くなる一方で,データサンプリングポイントを確保しなければならないことなど,メソッドの要求が高度かつ多様化するなかにおいて,このような機構をもったLC/MS/MSはおすすめです.

Question

79 高流速でLC/MS(/MS)を使う場合の注意点を教えてください．MSの種類によって，注意点は違うのでしょうか．

Answer

　高流速では成分の溶出時間が短くなり，ピーク幅が狭くなります．そのため，データサンプリングの間隔が長いと，ピーク当たりのデータサンプリングポイントが少ない不正確なマスクロマトグラムになったり，ピークをとらえられなかったりする場合があります．

　例えば，シングル四重極MS（QMS）やトリプル四重極MS（Q/QMS）において10成分の一斉分析をする場合，SIMやMRMのチャネル切換え時間（dwell timeとポーズタイムの合

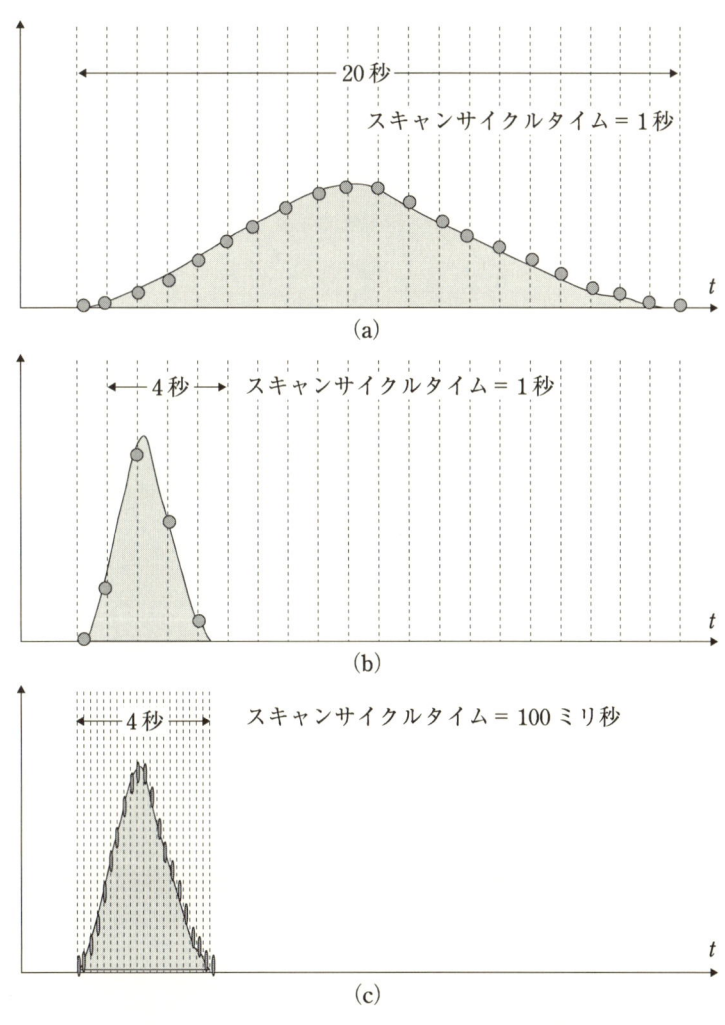

図1　ピーク幅とデータサンプリングとの関係

計) を 100 ms とすると, データサンプリングにかかる時間 (サイクルタイム) は, 10 成分×100 ms/成分＝1 秒です. つまり, 1 秒ごとに各成分イオンのシグナルを得ることになります. ピーク幅が 20 秒と仮定すると, そのピークに対して 20 または 21 個のデータサンプリングポイントが得られるため, 誤差の少ないピーク面積値が繰り返し精度よく得られるでしょう (図 1(a)). しかし, 高流速カラムで流速を例えば 5 倍にしたとき, そのピーク溶出時間は約 4 秒となり, サイクルタイムが 1 秒のままではデータサンプリングポイントは 4 または 5 個しか得られません (図 1(b)). 定量分析に十分なデータサンプリングポイントを得るには, サイクルタイムを短くする, つまりチャネル切換え時間を短くするか (図 1(c)), 一斉分析の成分数を少なくして対応しなければなりません. ただし, チャネル切換え時間を短くすると, 今度は感度低下やクロストークが問題となる場合があるので, 注意してください (本書, Q 12 参照).

イオントラップ MS (ITMS), フーリエ変換イオンサイクロトロン共鳴 MS (FT-ICRMS) については, イオンインジェクションタイム, 測定質量範囲のスキャンタイムなどの合計がサイクルタイムになります. スキャンスピードの速い質量分析計を利用することが有利であることはもちろん, 測定質量範囲を目的イオンの m/z 周辺に限定して狭く設定することでも, スキャンタイムを短くすることができます.

飛行時間型 MS (TOF-MS) はパルス間隔がサイクルタイムになります. 通常 μs 単位ですので, データサンプリングポイントについて考慮する必要はありません.

高流速カラムを使用して, イオン源が対応可能な流速を超える場合はスプリットします. しかし, スプリットすると溶離成分の一部を捨ててしまうことになるので, 感度を得るためには不利な方策です. 一般的な ESI イオン源で対応可能な流速は 1 mL/min 未満ですが, 脱溶媒性能を向上させ 3 mL/min まで対応できるものもあります.

分析現場では試料数が増加する傾向にあり, 分析のハイスループット化への要望が高まっています. モノリスカラムや小粒子径充填剤カラムなどの高流速カラムと脱溶媒効率を向上させたイオン源を用いた高速 LC/MS(/MS)分析は, 今後もさらに注目を集めていくでしょう.

Question

80 LC/MSの移動相として酢酸やギ酸がよく使われますが，それぞれの特徴を教えてください．

Answer

　ESIのポジティブモードでLC/MS測定をする場合，酢酸やギ酸をベースにした移動相をよく使います．HPLCの移動相としては，酢酸アンモニアやギ酸アンモニアとして使用する方が緩衝効果もあり好ましいのですが，ESIにおいてイオン化効率を重要視する場合，ギ酸も酢酸もイオン化を補助する目的で，移動相の添加剤として単独で用いられます．

　一般には，両者の pK_a（酢酸：4.76，ギ酸：3.75）の違いを考慮して選択します．より低いpHでないとイオン化されないようなものを対象とする場合，ギ酸を選択します．ギ酸の方が酢酸に比べ，若干揮発性が高いことや，酢酸が付加イオンを形成しやすい傾向があるので，この理由から，ギ酸を好んで使う方も多いようです．また，移動相のpHが低い方が，残存シラノールの解離も抑えられます．これもギ酸を使うメリットの一つです．

　しかし，ギ酸は刺激性が強く，ステンレスに対して腐食性も強いので，酢酸の方が使いやすいと考える人も少なくありません．また，これはギ酸だけに特徴的というわけではありませんが，pH＝3以下になると，固定相のアルキル鎖の加水分解が起こりやすいので，カラムの寿命が短くなる傾向にあります．

　使用濃度はどちらも0.01～0.5％程度です．感度の観点でいえば，希薄溶媒が好ましいのですが，移動相のイオン濃度はある程度高くした方が，安定したクロマトグラムを得ることができます．

　緩衝効果をもたせるためにカウンターイオンとしてアンモニアを加えると，単独で用いたときよりも一般的にはイオン化効率は下がります．しかし，逆に，多くのケミカルノイズが削減され相対的な感度が上がる場合もあります．

　トリフルオロ酢酸水溶液（TFA）も揮発性で，イオンペア効果でピーク形状がよくなることが知られています．しかし，極めて低い濃度で用いない限りイオンサプレッションにより，感度が低下します．そのため，ペプチドやタンパク質の分析を除いて，TFAを用いることはあまりありません．

Question

81　LC/MSのチューニングって何ですか．

Answer

　質量分析計（MS）におけるチューニングには、感度のチューニングと分解能のチューニングがあります．MSの種類（イオンの質量を分離する方法や原理）によって異なるが，MSにはレンズやスリットなど実に多くのパラメーターがあります．

　感度のチューニングとは，イオン源で生成したイオンを最も効率よく検出器まで到達させるように（イオン強度が最高になるように），おもにイオン源のパラメーターの電圧値などを最適化する操作をさします．MSは高感度な分析装置として知られているが，感度のチューニングがされていなければ十分な感度を得ることはできません．MSを用いた実際の分析操作において重要な操作といえるでしょう．

　分解能のチューニングとは，イオン源で生成した質量の異なる複数のイオンを，できるだけ分離した状態で検出器まで到達させるように，主として分析計のパラメーターの電圧値などを最適化する操作をさします．高分解能MSにおいては，分解能のチューニングが十分でないと，精密質量測定において信頼性のある結果を得ることはできません．また，低分解能MSにおいても，同位体パターンやイオン価数の識別のために非常に重要な操作であるといえます．

　これらのチューニング操作を，コンピューターが，あらかじめ設定された手順に従って自動的に行うのがオートチューニングです．MSの感度や分解能のオートチューニングは，LC/MSに限らず，現在市販されているほとんどのMSにおいて可能です．チューニングするパラメーター種類や手順などをカスタマイズできる装置もあります．LC/MSにおけるオートチューニングという意味では，LCとMSを含めたトータルシステムとしてのバリデーションなどはそれにあたると考えられます．

Question

82　LC/MSのキャリブレーションって何ですか.

Answer

　質量分析計（MS）におけるキャリブレーションとは，通常マススペクトルの横軸（質量電荷比：m/z）を校正する操作をさします．正確にはマスキャリブレーション（質量校正）といいます．MSは読んで字のごとく「質量」を「分析」するための装置ですから，マスキャリブレーションが正確に行われていないと，測定試料の正しい質量情報を得ることができません．マスキャリブレーションは，MSを使ううえで最も重要な操作といえるでしょう．LC/MSに限らず，すべてのタイプのMSで必須です．MSを制御するソフトウエアによっては，オートチューニング操作にマスキャリブレーションが含まれるものがあります．

　飛行時間型質量分析計（TOF-MS）を例にとって，実際のマスキャリブレーション操作を説明します．構造や分子量が既知の物質をリファレンス試料として用い，リファレンス試料のマススペクトルを測定します．マススペクトル上のイオンピーク（通常M^+や$[M+H]^+$など）のm/zと，そのイオンが検出器に到達するまでの飛行時間とを1対1で対応させます．実際には，ある程度広いm/z範囲（例：100〜3000）で，複数個のm/zと飛行時間を対応させます．両者の関係を式に表したものを，マスキャリブレーションカーブ（質量校正曲線）とよびます．実試料を分析する際には，測定によって得られたイオンの飛行時間を，マスキャリブレーションカーブにあてはめてm/z情報に変換します．

　リファレンス試料としては，ある程度広いm/z範囲に等間隔でイオンピークが観測される物質が用いられます．ポリエチレングリコール（PEG）やポリプロピレングリコール（PPG）は，混合物タイプのリファレンス試料としては代表的です．また，単一物質で，イオン化の際にクラスターイオンを生成するものも，リファレンス試料として用いられます．トリフルオロ酢酸ナトリウムやヨウ化セシウムなどが代表的です．

Question

83 LC/MS はなぜ分析時間の経過とともに感度が低下するのですか．

Answer

　MSは破壊分析の装置ですから，分析時間の経過とともに少なからず感度は低下するのが現状です．おもな原因はイオン源や分析計の汚れです．LC/MSでは，特にその傾向が顕著であるといえます．LC/MSで最も汎用的に用いられているESIイオン源の概略図を，図1に示します．図1に示したESIイオン源は，サンプリングオリフィス（以下オリフィス）と脱溶媒室がグラウンド電位，キャピラリーが＋2～3 kVの正電位となっています．このような条件設定で生成するイオンは，正の電荷をもちます．正の電荷をもったイオンは，相対的に負の電位をもつオリフィスに引っ張られて細孔を通過し，分析計へと導かれます．

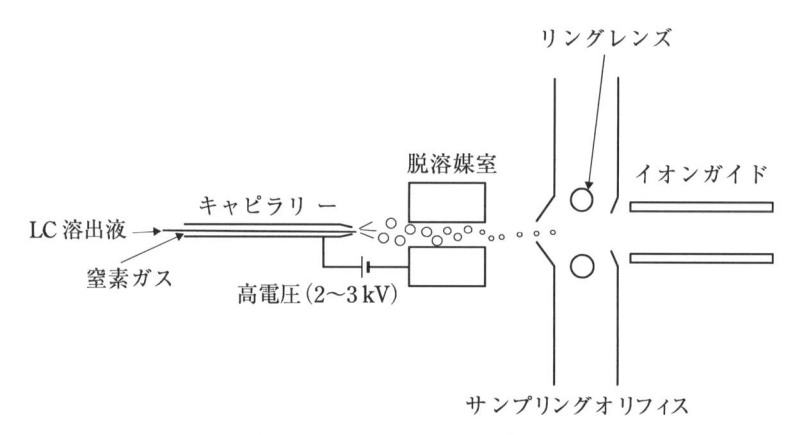

図1　ESIイオン源の概略図

　このとき，オリフィスが汚染されていると表面に絶縁性の被膜が形成され，金属製のオリフィスがあたかも絶縁体のように振る舞うことになります．そのような状況になると，オリフィスとキャピラリーとの間にイオンを引き込むために有意な電位差が生じなくなるため，生成したイオンは分析計内へ導入され難くなり，感度が低下します．また，オリフィスを通過したイオンを分析計へ導くためのイオンガイドや，さまざまなレンズ類も，汚染によってイオンの透過効率が低下するため感度低下の原因になります．これらは汚染された状態でも，印加電圧の調整によって透過効率をある程度改善させることができます．

　しかし，いずれの箇所においても，汚染によって感度が低下した場合は洗浄によって確実に改善させることができます．洗浄の頻度は，オリフィスがその他の箇所よりも圧倒的に多くなります．

また，汚染による感度低下を防止するには，汚染の原因物質をMSに導入しないことが最善の方法です．例えば，生体試料などを前処理なしでLC/MSに導入する場合，夾雑成分である大量の塩や脂質が汚染の主原因となります．MS入口前にスイッチングバルブを配置して，早い時間に溶離する塩類などをイオン源に導き入れないなどの工夫が有効です．

Question

84 LC/NMRで ^{13}C や 2 次元の測定はできますか．

Answer

　LC/NMR でも通常の NMR と同様，^{13}C や COSY, TOCSY, HMQC, HMBC, NOESY などの 2 次元の測定は可能です．ただし，^{13}C の天然存在比は 1.1 ％ 程度しかないため，^{1}H に比べると感度が低いことはよく知られています．また，LC/NMR では，試料成分が移動相溶媒で希釈されてしまうため，より感度が低下します．このような理由から，^{13}C を直接測定することは，実際にはあまり行われていないようです．HMQC などの ^{1}H–^{13}C の 2 次元 NMR 測定を ^{1}H 側から観測して行い，^{1}H に結合している ^{13}C の情報を得るのが一般的です．

　試料成分を移動相溶媒とともに流しながら行う「ON-FLOW 法」を用いた ^{13}C や 2 次元の測定は，積算回数が十分でないため現実的には不可能です．「STOP&FLOW 法」か「FRACTION LOOP 法」を用いる必要があります．LC/NMR の各種測定法の詳細については，「液クロ犬の巻」Q 34 を参照してください．

Question

85 LC/NMRで通常のHPLC溶媒（軽溶媒）は使えますか．

Answer

　LC/NMRの移動相溶媒として，いわゆる普通の軽溶媒を使用することは可能です．ロックをかけるための重水素化溶媒を，数％添加して用います．ただし，^{1}Hをもつ軽溶媒を使用すると，溶媒由来の巨大な^{1}Hシグナルが検出され，試料由来の^{1}Hシグナル強度が相対的に弱くなります．通常は，WET（Water suppression Enhanced through T1 effect）法というパルスシーケンスを用いて，溶媒由来の^{1}Hシグナルを消去しながら測定します．しかし，溶媒由来の^{1}Hシグナルの近傍に試料由来のシグナルが現れる場合，一緒に消去されてしまうので注意が必要です．LC/NMRで試料成分の詳細な構造解析を行うには，重水素化溶媒の使用をおすすめします．

Question

86 LC/NMR は LC/MS に比べてどんなよいところがありますか．

Answer

　LC/NMR と LC/MS は，どちらも定性解析能力の高い分析装置を LC の検出器として使ったハイフネーテッドシステムです．紫外・可視吸光光度検出器，多波長吸光光度検出器，蛍光検出器などと比較して，より直接的な構造情報を得ることができます．両者はまったく異なる方法で，LC によって分離された成分のスペクトル測定を行うため，どちらがよいかを一概にいうことはできません．分析目的と装置の特徴を理解して，目的に合う方を選択することが必要です．

　MS の一番の特徴は高感度であることです．NMR に比べると6桁程度高い検出感度を有しています．得られる情報は，分子量情報や部分的な構造情報，元素組成情報などです．分子の詳細な構造情報を得ることは困難です．定量分析には，LC/NMR よりも多くの分野で用いられています．

　NMR の一番の特徴は，多くの構造情報を得られることです．原子－原子の結合様式，炭素－炭素の結合順序，炭素に結合している水素の数，官能基の位置情報など，実に詳細な構造情報を得ることが可能です．特に異性体を識別する能力は，MS よりもはるかに優れているといえます．簡単な構造を有する低分子化合物であれば，1次元の ^1H スペクトルのみから完全な構造を決定することも可能です．

　LC/NMR の検出限界は1成分当たり μg オーダーといわれているので，より微量の試料を測定したい場合，LC/MS を用いることになります．使用できる溶媒の制限も，LC/MS と LC/NMR では異なるので，そのことも両者を選択する際考慮する必要があります．MS は試料を何らかの方法でイオン化して分析する装置なので，LC での分離が不十分な状態では成分同士で少なからずイオン化を妨害し合うという現象が起こります．LC/MS 使用上の大きな注意点の一つです．一方，NMR ではそのようなことは起こりません．成分分離が不十分でも，量比に応じた混合成分としての NMR スペクトルを得ることができます．

　MS と NMR はそれぞれ異なる構造情報を与えてくれるので，LC/MS と LC/NMR の両方を用いることで，混合物成分のより確実な構造解析を行うことができることはいうまでもありません．LC の出口で溶出液を分岐し，MS と NMR のスペクトルを同時に得られる LC-MS/NMR も市販されています．

Question

87 LC/MSでイオンペア試薬を使用すると極端に感度が落ちますが，一番の原因はなぜですか．

Answer

　一番の原因は，イオンペア試薬による試料成分へのイオン化阻害です．LC/MSにおけるイオン化過程は基本的に競争反応ですから，複数の物質が同時にイオン源に導入されると，イオン化効率の高い物質の存在によってイオン化効率の低い物質のイオン化が阻害される「イオンサプレッション」という現象が起こります．イオンペア試薬として使用されている物質はイオン性が高く，ESIなどのLC/MSイオン化法に対して高いイオン化効率を示します．その使用によって，試料成分のイオン化が阻害されると考えられます．

　その他の原因として，もしLC/MSに適さない不揮発性塩のイオンペア試薬を使用した場合，前述したイオンサプレッションのほかに，不揮発性の塩がイオン源内で析出することによる感度低下が考えられます．

　さらに，LC/MS用の揮発性イオンペア試薬として，TFAなどフッ素系の酸試薬がよく使われています．これらは酸性度が高いために，ESIイオン化の際に流れる電流値が上昇しすぎて放電が起こりやすく，これがイオンサプレッションと相まって感度低下の原因になることもあります．

Question

88 逆相のカラムで保持しない成分を LC/MS で測定したいのですが，どのような方法がありますか．

Answer

1. イオンペア試薬を使う

イオンペアクロマトグラフィーは，電荷をもった物質を分離する手法の一つで，酸や塩基の選択的分析法として，逆相クロマトグラフィーと組み合わせて広く使われています．最近は，揮発性の高いイオンペア試薬が市販されていて，これを移動相に添加することで，イオンペアクロマトグラフィー-質量分析が可能となります．酸性用としては第二級アミン酢酸塩，塩基性

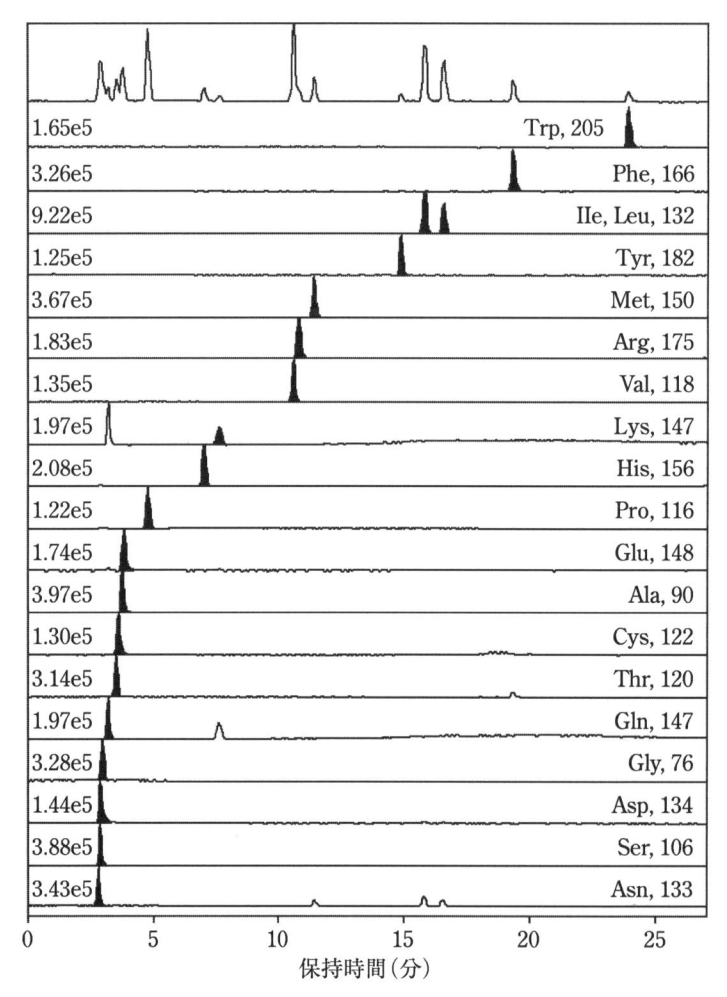

図1 アミノ酸の分析例
［野村化学(株)のご厚意による］

〈分析条件〉
カラム：Develosil RPAQUEOUS-AR-5 (2.0 mm i.d.×150 mm)
移動相：A；5 mM HFBA（ヘプタフルオロ酪酸）水溶液
　　　　B；5 mM HFBA＋アセトニトリル-水(9：1)
流　速：0.2 mL/min
温　度：40℃
検　出：MS ESI＋，SIM

用としてはパーフルオロ脂肪酸があります[1]．図1はヘプタフルオロ酪酸を移動相に加えて，LC/MSでアミノ酸を測定した事例です．パーフルオロ脂肪酸をイオンペア試薬とし，76種類の生体成分アミノ酸をLC/MS/MSで分析したという報告もあります[2]．

2. HILICモードを使う

有機溶媒と水または緩衝液を移動相とし，極性固定相を用いた分離モードのHILIC（Hydrophilic Interaction Chromatography，親水性相互作用クロマトグラフィー）では，極性の低い（疎水性の高い）成分から先に溶出するので，逆相系で保持しにくい化合物を保持させることができます．アミノ酸を分離した例を，図2に示します．

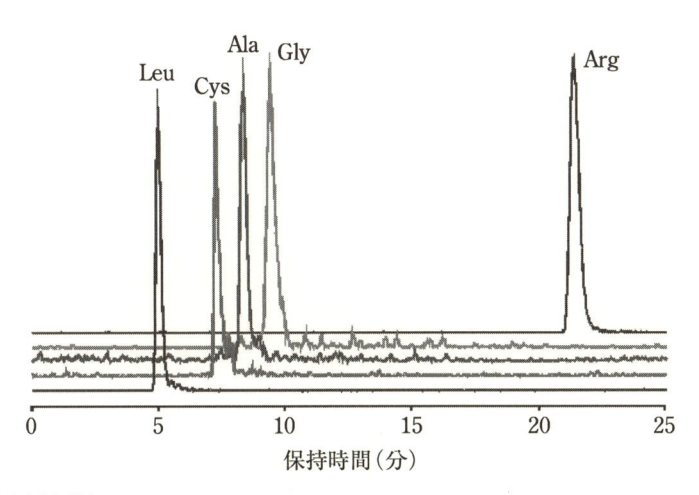

〈分析条件〉
カラム：ZIC-HILIC（5 mm）（4.6 mm i.d.×250 mm）
溶離液：アセトニトリル/50 mM 酢酸＋5 mM 酢酸アンモニウム＝70：30
流　速：0.5 mL/min，MS検出：ESI，SIM，注入量：20 μL

図2　HILICモードによるアミノ酸の分離例
［野村化学(株)のご厚意による］

また，シクロデキストリンが結合した樹脂を固定相に，揮発性溶媒を移動相に用い，微生物中の糖リン酸，アデニンヌクレオチド類，酸化型ピリミジンヌクレオチドをLC/MSで分析した報告もあります[3]．

3. イオン交換クロマトグラフィーを使う

陰イオン交換樹脂で分離・溶出されたアニオン性化合物は，アニオンサプレッサーを通過させれば，質量分析計で測定することができます．これは，アニオンサプレッサー内で，移動相中のカチオン（例えば，Na^+）が水素イオンに置換されるからです．このインターフェースを用いれば，陰イオン交換樹脂の高分離能と質量分析計の高選択性の，それぞれ長所をともに生かすシステムを構築することができます．糖リン酸類の測定などに適用されています[4]．

4. 誘導体化する

　誘導体化は，一般に化合物の疎水性度を高くするので，誘導体は逆相クロマトグラフィーで分離することができます．極性の高い官能基を誘導体化することで，LC/MS での測定が可能です．

---

1) 液体クロマトグラフィー研究懇談会 編，"液クロ虎の巻"，筑波出版会 (2003)，p.151.
2) M. Piraud, *et al.*, *Rapid Commun. Mass Spectrom.*, **19**, 1587 (2005).
3) A. Buchholz, *et al.*, *Anal. Biochem.*, **295**, 129 (2001).
4) 冨田　勝，西岡孝明 編，"メタボローム研究の最前線"，シュプリンガー・フェアラーク (2003)，p.35.

Question

89 LC/MS にはさまざまな装置がありますが，**その種類，長所と欠点，それぞれの利用方法**について教えてください．

Answer

1. LC/MS の種類，長所・欠点

表 1 各種 LC/MS の長所と欠点

種 類	長 所	欠 点
シングル四重極 MS（QMS）	選択されたイオンがほぼ全量通過するため，検出のダイナミックレンジは広く，定量直線性にも優れる． 最も安価な LC/MS．	一般的に分解能はユニットマス程度，かつ基本的にはプリカーサーイオンの情報だけなので，選択性は高くない． マトリックス試料のバックグラウンドや妨害ピークには注意を要する． マスレンジは広くない．
トリプル四重極 MS（Q/QMS）	ダイナミックレンジの広い定量直線性が得られる． 質量分離を 2 回行うことができるため，選択性が高く，S/N 比の高いマスクロマトグラムが得られ，微量成分の定量分析には最適．HPLC の分離に頼らない一斉分析が可能．プリカーサーイオンスキャン，ニュートラルロススキャンなどで，化合物の特定の構造に注目した探索が可能．	一般的にユニットマス分解能なので，未知成分の同定や多価イオンの価数の決定は困難． マスレンジはあまり広くなく，高分子化合物の測定には限界がある． MS/MS でのプロダクトスキャンの感度は高いとはいえず，微量成分の MRM 定量分析の MS/MS スペクトルによる確認は困難なことが多い．
飛行時間型 MS（TOF-MS）	分解能が高く，ミリマスが得られるため，組成分析が可能．また，同位体分布や多価イオンの価数を決定できるなど，未知化合物の構造解析に有力な情報が得られる． MS に導入されたイオンがすべて検出器に届くのでマスレンジが広く，高分子化合物の測定に有利． シングル LC/TOF は比較的安価．	マスキャリブレーションは QMS よりも頻繁に行う必要がある． 一般的に，定量直線性が得られるダイナミックレンジは 3 乗程度で，あまり広いとはいえない．
ハイブリッド Q/TOF-MS	フラグメントイオンのミリマスが得られるので，より確度の高い構造決定が可能． プリカーサーイオンスキャンやニュートラルロススキャンなどの特定の構造を狙った探索ができる．	TOF-MS と同じ．
イオントラップ MS（ITMS）	3-D イオントラップとリニアイオントラップがある．イオンをトラップして高感度に MS スペクトルが得られ，MS^n のスペクトルを得ることやスキャンスピードを遅くして分解能を高めることが可能で，定性分析に関する操作性がよい．	ITMS 内で得た MS/MS スペクトルには，一般的に低分子側が検出されない low-mass-cut-off という現象がある． 得られる質量精度は高いとはいえない．

表 1 各種 LC/MS の長所と欠点（つづき）

種類	長所	欠点
ハイブリッド四重極リニアイオントラップMS (Q/LITMS)	Q/QMSの性能に高感度スキャンの性能が付加されているので，Q/QMSのスキャンモードで標的を探し，その高感度MS/MSスペクトルを取得できる．トリプル四重極MSのスペクトルパターンとイオントラップMSのスペクトルパターンの両方が得られる．	高分解能で測定は可能だが，ミリマスは得られず未知成分の同定にはやや不利．マスレンジはあまり広くない．
フーリエ変換サイクロトロン共鳴MS (FT-ICRMS)	フーリエ変換を利用した質量分析計で，非常に高い分解能・質量精度が得られる．組成分析を行った場合に，未知化合物を特定できる可能性が高くなる．	高価でやや大型．強い磁場が発生するため，他の機器の設置には注意を要する．

2. その他のハイブリッドタンデムMS

IT/TOF，LIT/FT などのハイブリッドMSが市販されています．ITMSをTOF-MSやFT-ICRMSと連結することで，プリカーサーイオンやフラグメントイオンの精密質量が高感度で得られ，微量成分の定性分析に有利です．

3. 利用方法

定量分析には，広いダイナミックレンジで直線性が得られるQMSまたはQ/QMSが一般的に利用されています．マトリックス中の微量成分の定量分析，例えば血中薬物濃度の測定や環境・食品中の残留農薬一斉分析では，選択性の高さからQ/QMSが有利です．QMSはHPLC検出器として，おもにルーチンワークでの定量や同定に利用されています．Q/QMSはバイオマーカーの定量や治療医薬品のモニタリングなどにも利用されています．

定性分析にはMSの分解能，質量精度，感度，スキャンモードなどによりアプリケーションに合ったものを利用します．TOF-MS，Q/TOF-MS，IT/TOF，FT-ICRMS，LIT/FTは低分子から高分子までの組成分析や構造解析に有効です．質量精度や分解能が高く，さらにMS/MSができれば構造決定の確度が増します．イオントラップとのハイブリッドMSはスペクトル感度が高く，生体中の微量成分の探索などに有利です．これらは，プロテオームやメタボローム解析，医薬品代謝物の同定や代謝経路の推定，環境残留物質，食品や化成品成分などの構造決定，法廷鑑定，ドーピング検査などにも利用されています．

Q/QMSやITMS，Q/LITMSはMS/MSによるフラグメント情報が得られますが，質量精度が高いとはいえません．そのため，存在既知や予測可能な標的化合物であれば，同定したり構造を決めたりすることも可能です．Q/QMSやQ/LITMSはMRMやプリカーサーイオンスキャン，ニュートラルロススキャンなどで，分子やその構造の一部に標的を定めてスクリーニングを行うことができます．医薬品代謝物探索同定，残留農薬スクリーニング，薬毒物分析，不純物・分解物同定，法廷鑑定，ドーピング検査などの低分子アプリケーションが主となるが，プロテオーム解析にも利用されています．

Question

90 マイクロスプリッターを使ったLC/MS分析の注意点を教えてください．

Answer

　LC/MS用のスプリッターは，いくつかのメーカーからさまざまな種類が市販されているが，抵抗管を用いて背圧をかけるタイプと，背圧制御弁を用いるタイプが一般的です．操作法や接続法はスプリッターの種類やメーカーによって異なるので，一概に説明することはできません．LC/MS分析にスプリッターを使う目的は，大きく分けて次の2点だと思います．

1. ポストカラムスプリット方式

　コンベンショナルLCをESIMSに接続して使用．移動相流量がESIに対して多すぎるため，LCの出口でスプリットして一部をESIMSに導入する方法で，通常，1 mL/minの溶出液を数百μL/minにスプリットします（図1）．

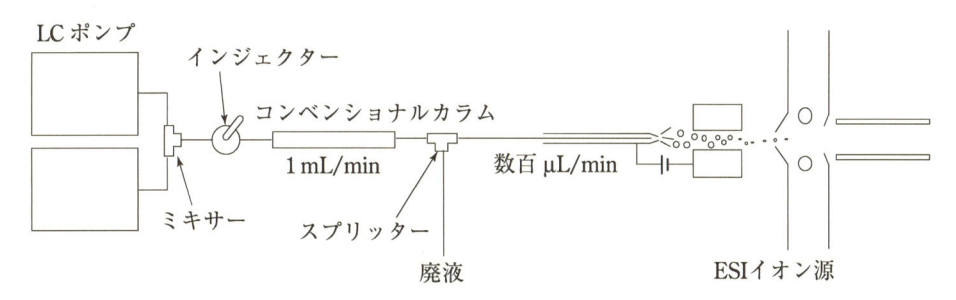

図1　ポストカラムスプリット方式のLC/MSシステム

　一般に，スプリッターを用いた場合にも，グラジエント溶離条件では溶媒組成の変化に伴う粘性変化の影響によって，同じ設定であってもスプリット比は変化します．ESIイオン源は，ネブライジングガスを用いて溶出液を噴霧させる構造のものがほとんどで，許容できる液体の導入量範囲は広いといえます．相対的に水の割合が多く安定した液滴が生成され難い移動相条件においても，ネブライジングガスが液滴の生成を補助してくれるので，スプリット比が変化しても，イオン化には大きな影響を与えません．この使用目的において，スプリッター使用上の注意はあまりありません．

2. プレカラムスプリット方式

　コンベンショナルLCポンプを使用してナノLCシステムを構築するため，ポンプ出口で移動相溶媒をスプリットして，一部をナノカラム→ナノESIMSへ導入する方法（図2）．ナノカラムとナノESIイオン源の組合せにおいては，移動相流量は1 μL/min以下で，よく使用されます．

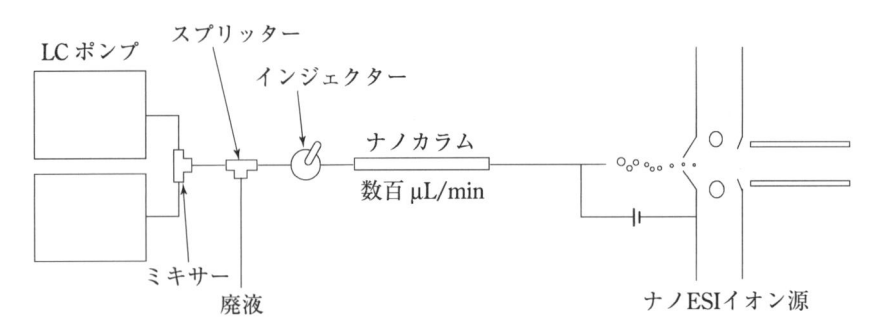

図2 プレカラムスプリット方式のLC/MSシステム

この方式には，スプリッター使用時の注意点やノウハウがいくつかあります．

移動相流量1 μL/min以下では，ESIの高電界の作用のみで帯電液滴が生成するため，ナノESIはネブライジングガスを使用しない構造のものがほとんどです．そのため，許容できる液体導入量の範囲は比較的狭く，前述した組成グラジエントに伴うスプリット比の変化によってベースラインが大きく変動したり，ニードル先端に液溜りができてイオンが観測されなくなったりすることがあります．

また，相対的に水の多い移動相条件においては，溶媒の表面張力が大きいために安定した液滴生成が困難となり，極端に感度が低下することがあります．試料を注入しないで組成グラジエントのプログラムを実行し，ベースラインのようすをあらかじめ確認しておくとよいでしょう．もし，ベースライン強度が著しく落ち込む場合，その条件でイオンが十分な強度で観測されるよう，ポンプ流量やスプリット比を調整してください．

グラジエントプログラム作成にも注意が必要です．特に，分析終了から初期状態に戻すまでの待ち時間を十分にとる必要があります．スプリッターを使用しないLCやLC/MS分析において，グラジエントの戻り時間はポンプ圧力を目安に決定することが多いと思われます．しかし，ナノカラムの手前で移動相溶媒をスプリットするこの方法では，カラム内の溶媒組成の状況がポンプ圧力に反映されないため，背圧モニタリングで初期状態に戻ったかどうかの判断が困難です．マススペクトルのパターンから，グラジエントが初期状態に戻っていることを確認し，グラジエント条件を初期状態に戻すための待ち時間を設定するのがよいでしょう．

また，両者共通の注意点として，ESIニードル先端の目詰りがあげられます．スプリッターを使用しないLC/MS分析においては，ニードルの目詰りはポンプ圧力に反映されますので，分析者は容易にそのことを知ることができます．しかし，スプリッターを用いた場合，ニードル目詰りによって上昇した圧力がスプリッターから逃げてしまうので，ポンプの圧力を見ても分析者はそのことを知ることはできません．MSのシグナルが観測されなくなったり，シグナル強度が弱くなったりしたら，ニードルの目詰りの可能性があります．

Question

91 Nano-LC/MS でよいデータをとるための注意点を教えてください．

Answer

　Nano-LC は，プロテオミクスや代謝物の分析など，微量試料の高感度分析に有効です．アナライトが移動相に希釈される割合は，内径の 2 乗の比で計算されます．Nano-LC で用いる内径 75 µm のように非常に細いカラムを使用すると，理論段数と線速度とが同じ場合，内径 4.6 mm の汎用カラムと比較して，約 3760 倍の感度の向上が期待できます．

　しかし，現実には，ピークの拡散が装置の各部分で生じるので，100％の感度が得られるわけではありません．例えば，すべての拡散（V_{total}）は，試料を注入するオートサンプラーにおける拡散（$V_{sampler}$），接続配管による拡散（V_{tube}），接続用フィッティング（V_{fit}），検出器のフローセルなどの容積による拡散（V_{det}），その他の拡散（V_{other}）の合計により，下記の式で求められます．

$$V_{total}^2 = V_{sampler}^2 + V_{tube}^2 + V_{fit}^2 + V_{det}^2 + V_{other}^2 \ ^{1)}$$

　Nano-LC で分析を行う場合には，このようなカラム外でのピークの拡散を考えなければなりません．検出に MS を用いる場合では，カラムからナノスプレーノズルまでの接続部品や配管を最適化する必要があります．

1．接続配管と接続部の注意点

　接続配管には，デッドボリュームを最小限に抑えるため，内径の小さなチューブを可能な限り短くして使用します．接続配管をできるだけ短くできるよう，装置の設置場所などを工夫する必要もあります．通常接続配管には，内径 20～50 µm のフューズドシリカキャピラリーチューブを用います．ピークチューブやテフロンチューブは，フューズドシリカキャピラリーチューブに比べると，小さな内径の物を入手するのが困難です．配管の切断にも注意を払う必要があります．配管材質に適した専用のカッターを使用し，切断面が直角になるようにします．

　接続部品は手締めのタイプが便利で，カラムのエンドフィッティング形状やサイズ，配管の外径などに応じて選択します．例えば，外径 375 µm・内径 20 µm のフューズドシリカキャピラリーチューブを 1/16 インチエンドフィッティングのカラムに接続する場合，内径約 400 µm・外径 1/16 インチのテフロンチューブをフューズドシリカキャピラリーチューブの外側にかぶせ，外径 1/16 インチチューブ用の手締めフィッティングを用いて，両チューブを一緒にカラムエンドフィッティングに接続します．ナノスプレーノズルを直接カラム出口に接続できるなら，接続配管は使用しない方がよいでしょう．

　フューズドシリカキャピラリーのモノリスカラムなど，エンドフィッティングを必要としないカラムを使用する場合，テフロンチューブを用いてカラムと接続配管，あるいはカラムとナ

ノスプレーノズルを接続することができます．カラムや接続配管，ナノスプレーノズルの外径よりもやや小さめの内径のテフロンチューブを2cmほどに切断し，その両側からカラムと接続配管，ナノスプレーノズルを差し込み，テフロンチューブの中央付近で両者の端面を合わせます．デッドボリュームのほとんどない接続が可能となります．この際，カラムや接続配管同士の外径が同じであることと，これらの外径とテフロンチューブの内径との差が重要になります．この差が小さすぎると耐圧が低くなり，大きすぎると接続することが困難になります．例えば，外径 375 μm のチューブ同士を接続する場合，内径 300～330 μm 程度のテフロンチューブがよいでしょう．この方法で接続できるチューブは，フューズドシリカやステンレスなど硬い材質である必要があります．

接続に使用する部品の材質（樹脂，ステンレスなど）やナノスプレーノズルの材質（ガラス，ステンレスなど），またそれらの形状などは，ESI イオン源の高電圧を印加する部分の構造によって制限される場合があります．イオン源構造に適したものを選択してください．

2．ナノスプレーノズルの位置調整

Nano-LC/MS を取り扱ううえでの煩雑操作の一つに，ナノスプレーノズルの位置調整があります．ナノスプレー-ESI でのイオン化の効率は，ほぼ 100 % といわれているが，イオン化した試料をどれだけ質量分析部（MS）に導入するかが検出感度を得るために重要です．効率よくMS に導入するためには，スプレーするニードルの位置と MS 導入部の位置を最適化する必要があります．そのため，マイクロスコープによりスプレーした状態を目で確認して，スプレーの位置が最適になるように微調整する必要があり，熟練を要します．

また，ナノスプレーノズルにはロット差がある場合があるので，注意が必要です．対処法は特にありませんが，複数のロットのノズルを準備しておき，感度が悪い場合には何種類かため

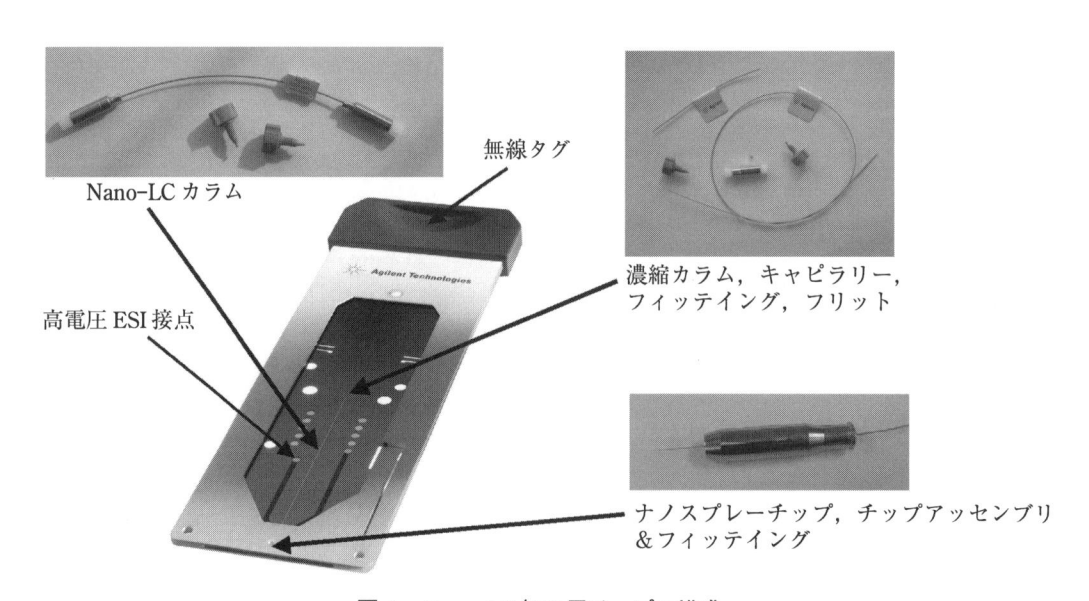

図 1　Nano-LC/MS 用チップの構成

第4章 LC/MS

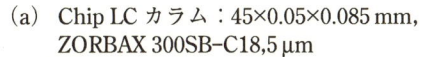

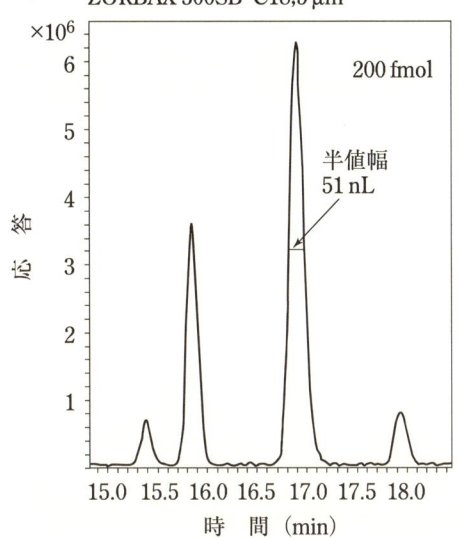

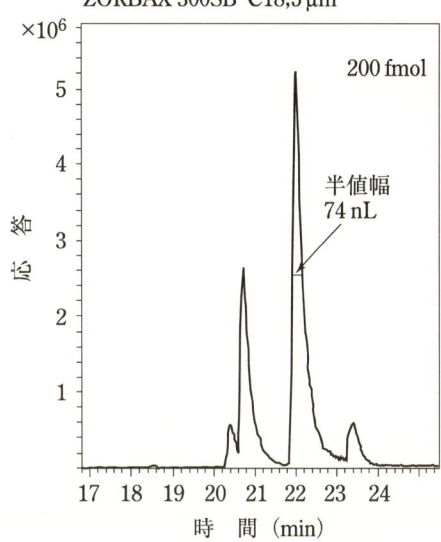

図2 チップタイプのNano-LC/MS（a）と汎用Nano-LC/MS（b）のクロマトグラム

す必要があります．

　最近では，内部に充填材やモノリスを入れ込み，ナノスプレーノズルとカラムが一体化した製品も数種類市販されています．これらを使用することで，カラム以降のデッドボリュームはほとんどゼロに抑えることが可能になります．

　さらに，これらを一つのチップ上に配し，さらにそれを組み込むことのできるMS装置が実用化されています（図1,2）．このシステムでは，ナノスプレーノズルが，あらかじめ最適化された位置にセットされるように工夫されており，再現性のよいナノスプレーによるMS分析が，操作よく実現できるようになっています．

3. 移動相流量

　Nano-LC/MSでは，移動相流量も非常に重要です．使用するカラムにとって最適な流量があり，使用するMSにとっても重要です．例えば，流量が多すぎるとピークがシャープになりすぎて，データサンプリングポイントが少なくなることがあります（本書，Q 21参照）．流量が少なすぎると，当然ピークがブロードになり，カラム以降のデッドボリュームがピークの拡散に対してより影響を与えることになります．移動相流量はイオン化にとっても重要です．本書Q 82の回答にもあるように，ナノスプレーでは高電界の作用のみでESIイオン化を行う構造のものが多いため，流量が多すぎると液滴の生成が追いつかず，ノズル先端に液溜りができて感度低下の原因になります．

4. 試料注入量

　最後に，Nano-LCの試料注入量についてふれておきます．

　カラム内径75 μm，長さ50 mmに5 μm粒子径のODSを詰めた場合のカラム内の溶媒体積

(空隙)は約 0.13 μL となり，1 μL 注入すると当然カラムの中の容量をオーバーしてしまいます．このようなことを防ぐため，分析用のカラムの前にバルブを付けて，ODS やイオン交換などの濃縮用カラムを使用する工夫がされます．この方法によると，試料の注入量も削減せずにすみ，濃縮用のポンプも分析カラム用ポンプよりも流量を速くできるので，全体の分析時間の短縮も可能となります．

---

1) A. M. Krstulovic, P. R. Brown 著，波多野博行，牧野圭祐，中野勝之 訳，"逆相高速液体クロマトグラフィー"，東京化学同人 (1986)，p.19.

資料編

掲載会社名一覧

関東化学株式会社

ジーエルサイエンス株式会社

株式会社島津製作所

東京化成工業株式会社

日本分光株式会社

日本ミリポア株式会社

株式会社日立ハイテクノロジーズ

メルク株式会社

横河アナリティカルシステムズ株式会社

（五十音順）

LC／MS溶媒・試薬

LC／MS分析に最適な溶媒

LC／MS適合性試験を実施！
- 溶媒中の不純物レベルを保証

汚染を最小限に防ぐ包装形態！
- 金属性キャップを採用
- 特殊加工したガラス瓶に充填

従来のHLC-SOL規格も踏襲！
- UV吸光度、相対蛍光強度、Gradient Grade 等を保証

対応製品
- アセトニトリル（日本薬局方 準拠）
- メタノール
- ぎ酸－アセトニトリル
- 蒸留水（新製品）

LC用高度精製品

ギ酸、酢酸、TFA
- バックグラウンド ノイズ低減
- 使いきりのアンプル包装

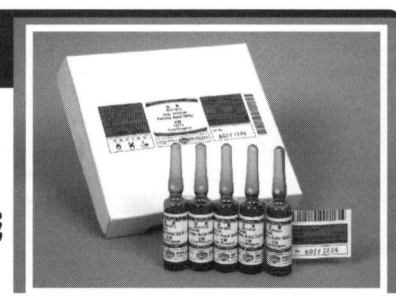

Cica 関東化学株式会社 試薬事業本部

〒103-0023 東京都中央区日本橋本町3-11-5 (03) 3663-7631
〒541-0048 大阪市中央区瓦町2-5-1 (06) 6222-2796
〒812-0007 福岡市博多区東比恵2-22-3 (092) 414-9361

≪ http://www.kanto.co.jp　E-mail;reag-info@gms.kanto.co.jp ≫

HPLCカラム用充填剤
INERTSIL® 3シリーズ
主役はODS。でも何を選べば??

一口に"ODS"といっても、その性能・機能はさまざまであり、各製品によってサンプルとの相性が異なります。各ODSの特長を把握し、目的に応じて使い分けることによって、分析条件最適化の幅が格段に拡がります。

ファーストチョイスは、モノメリックODS! ⇒ Inertsil ODS-3

化合物の立体性が異なれば、ポリメリックODS! ⇒ Inertsil ODS-P

ポリメリックODS : Inertsil ODS-P
ODS-Pは平面分子であるBaPを特異的に保持します。

モノメリックODS : Inertsil ODS3

Column : 250×4.6mmI.D.
Eluent : CH₃CN/H₂O=85/15
Flow rate : 2.0 mL/min
Col.Temp. : 30 ℃
Detector : UV254 nm

ポリメリック $\alpha_{TBN/BaP}=0.7$ $\alpha \leq 1$: Polymeric
インターメディエイト $\alpha_{TBN/BaP}=1.7$ $1 < \alpha < 1.7$: Intermediate
モノメリック $\alpha_{TBN/BaP}=2.2$ $\alpha \geq 1.7$: Monomeric

1. Phenanthro[3,4-c]phenanthrene(PhPh) 非平面分子
2. Tetrabenzonaphthalene(TBN) 非平面分子
3. Benzo[a]pyrene(BaP) 平面分子

ODS層の違いによる平面認識模式図とクロマト比較

化合物の極性が異なれば、エンベットODS! ⇒ Inertsil ODS-EP

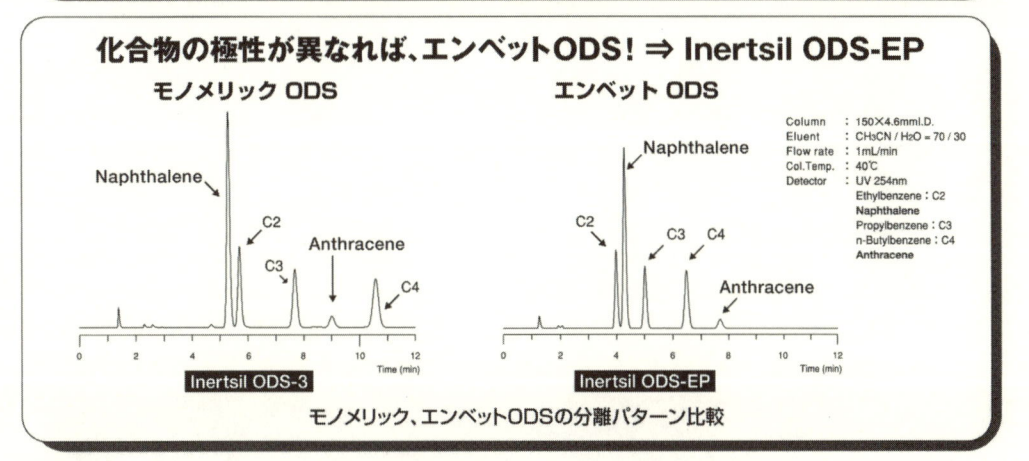

モノメリック ODS (Inertsil ODS-3)
エンベット ODS (Inertsil ODS-EP)

Column : 150×4.6mmI.D.
Eluent : CH₃CN / H₂O = 70 / 30
Flow rate : 1mL/min
Col.Temp. : 40℃
Detector : UV 254nm
Ethylbenzene : C2
Naphthalene
Propylbenzene : C3
n-Butylbenzene : C4
Anthracene

モノメリック、エンベットODSの分離パターン比較

※詳しい資料をご希望の方は下記問い合わせ先まで請求してください。資料請求No.LC0003

ジーエルサイエンス株式会社 GL Sciences

本社 営業企画課
〒163-1130 東京都新宿区西新宿6丁目22番1号 新宿スクエアタワー30F
電話 03(5323)6611 FAX03(5323)6622
webページ : http://www.gls.co.jp/ E-mail: info@gls.co.jp

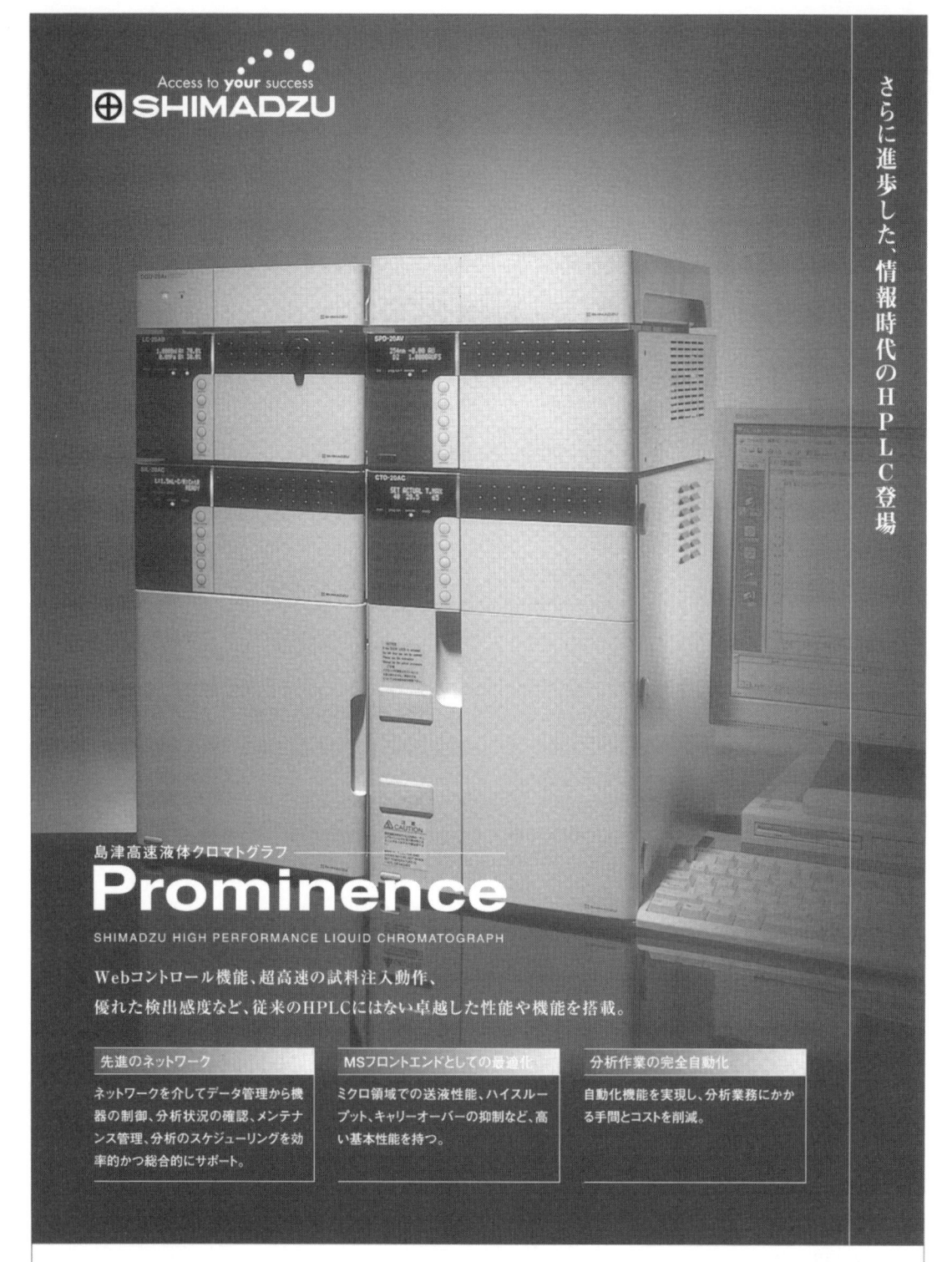

Access to your success
SHIMADZU

さらに進歩した、情報時代のHPLC登場

島津高速液体クロマトグラフ
Prominence
SHIMADZU HIGH PERFORMANCE LIQUID CHROMATOGRAPH

Webコントロール機能、超高速の試料注入動作、
優れた検出感度など、従来のHPLCにはない卓越した性能や機能を搭載。

先進のネットワーク
ネットワークを介してデータ管理から機器の制御、分析状況の確認、メンテナンス管理、分析のスケジューリングを効率的かつ総合的にサポート。

MSフロントエンドとしての最適化
ミクロ領域での送液性能、ハイスループット、キャリーオーバーの抑制など、高い基本性能を持つ。

分析作業の完全自動化
自動化機能を実現し、分析業務にかかる手間とコストを削減。

株式会社 **島津製作所**
京都市中京区西ノ京桑原町1
http://www.an.shimadzu.co.jp/

分析計測事業部　お問合せはもよりの営業所へ
- 東　京 (03) 3219-5685
- 郡　山 (024) 939-3790
- 静　岡 (054) 285-0124
- 岡　山 (086) 221-2511
- 関　西 (06) 6373-6551
- つくば (029) 851-8515
- 名古屋 (052) 565-7531
- 四　国 (087) 823-6623
- 札　幌 (011) 205-5500
- 北関東 (048) 646-0081
- 京　都 (075) 811-8151
- 広　島 (082) 248-4312
- 東　北 (022) 221-6231
- 横　浜 (045) 311-4615
- 神　戸 (078) 331-9665
- 九　州 (092) 283-3334

逆相分析用ODSカラム

Kaseisorb LC ODS 2000 シリーズ

- 3μmと5μmの2種類をラインナップ
- バリデーション対応
- 市販品の中で最高レベルの理論段数
- 市販品の中で最も安い価格帯

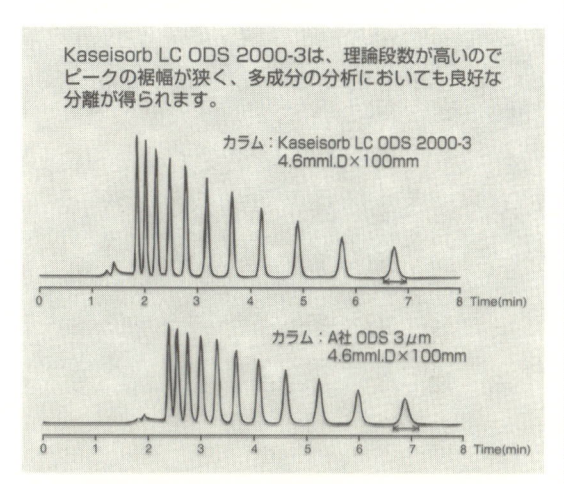

Kaseisorb LC ODS 2000-3は、理論段数が高いのでピークの裾幅が狭く、多成分の分析においても良好な分離が得られます。

カラム：Kaseisorb LC ODS 2000-3
4.6mmI.D×100mm

カラム：A社 ODS 3μm
4.6mmI.D×100mm

Kaseisorb LC ODS 2000-3

○細孔径：12nm ○粒子径：3μm ○炭素化率：17%

内径(mm)×長さ(mm)	製品コード	価格(円)
2.0×50	S1499	40,000
2.0×100	S1498	43,000
2.0×150	S1497	45,000
4.6×50	S1496	30,000
4.6×100	S1495	33,000
4.6×150	S1494	35,000
4.6×250	S1479	42,000

バリデーションキット※

内径(mm)×長さ(mm)	製品コード	価格(円)
4.6×100 (3本セット)	S1468	89,000
4.6×150 (3本セット)	S1467	95,000
4.6×250 (3本セット)	S1477	115,000

※ロットの異なるゲルを充填　　＜消費税含まず＞

Kaseisorb LC ODS 2000

○細孔径：12nm ○粒子径：5μm ○炭素化率：17%

内径(mm)×長さ(mm)	製品コード	価格(円)
2.0×50	S1465	38,000
2.0×150	S1486	39,000
2.0×250	S1487	45,000
3.0×150	S1484	47,000
3.0×250	S1485	51,000
4.6×50	S1493	27,000
4.6×150	S1480	29,000
4.6×250	S1482	34,000
7.5×250	S1490	80,000
10×250	S1491	135,000
20×50	S1466	105,000
20×250	S1492	250,000

バリデーションキット※

内径(mm)×長さ(mm)	製品コード	価格(円)
4.6×150 (3本セット)	S1481	79,000
4.6×250 (3本セット)	S1483	92,000

※ロットの異なるゲルを充填　　＜消費税含まず＞

詳細な資料を用意しています。ご請求ください。
製品情報はホームページでもご覧いただけます。
www.tokyokasei.co.jp/chromato/

TCI 東京化成工業株式会社 クロマト事業部

TEL: 03-3927-0193
FAX: 03-3927-0226
E-mail:chromato@tokyokasei.co.jp

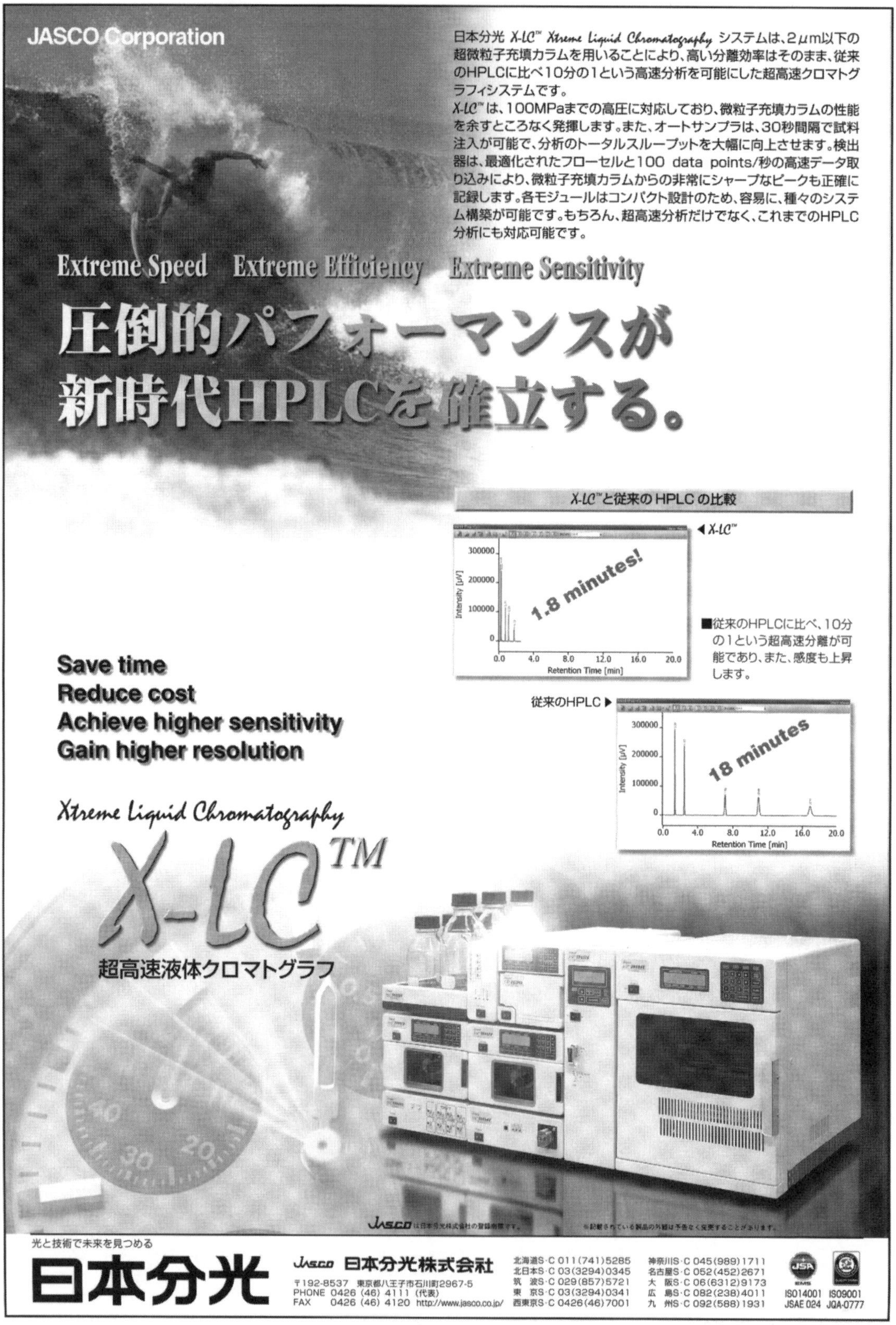
JASCO Corporation
日本分光 X-LC™ Xtreme Liquid Chromatography システムは、2μm以下の超微粒子充填カラムを用いることにより、高い分離効率はそのまま、従来のHPLCに比べ10分の1という高速分析を可能にした超高速クロマトグラフィシステムです。
X-LC™は、100MPaまでの高圧に対応しており、微粒子充填カラムの性能を余すところなく発揮します。また、オートサンプラは、30秒間隔で試料注入が可能で、分析のトータルスループットを大幅に向上させます。検出器は、最適化されたフローセルと100 data points/秒の高速データ取り込みにより、微粒子充填カラムからの非常にシャープなピークも正確に記録します。各モジュールはコンパクト設計のため、容易に、種々のシステム構築が可能です。もちろん、超高速分析だけでなく、これまでのHPLC分析にも対応可能です。
Extreme Speed　Extreme Efficiency　Extreme Sensitivity
圧倒的パフォーマンスが
新時代HPLCを確立する。
X-LC™と従来のHPLCの比較
◀X-LC™
1.8 minutes!
Intensity [μV]
Retention Time [min]
■従来のHPLCに比べ、10分の1という超高速分離が可能であり、また、感度も上昇します。
従来のHPLC▶
18 minutes
Save time
Reduce cost
Achieve higher sensitivity
Gain higher resolution
Xtreme Liquid Chromatography
X-LC™
超高速液体クロマトグラフ
光と技術で未来を見つめる
日本分光
JASCO 日本分光株式会社
〒192-8537 東京都八王子市石川町2967-5
PHONE 0426 (46) 4111 (代表)
FAX 0426 (46) 4120 http://www.jasco.co.jp/
北海道S·C 011(741)5285
北日本S·C 03(3294)0345
筑 波S·C 029(857)5721
東 京S·C 03(3294)0341
西東京S·C 0426(46)7001
神奈川S·C 045(989)1711
名古屋S·C 052(452)2671
大 阪S·C 06(6312)9173
広 島S·C 082(238)4011
九 州S·C 092(588)1931
ISO14001 ISO9001
JSAE 024 JQA-0777

資料編　177

MILLIPORE

30th Anniversary

Milli-Qは いつの時代も ブランクを追求しています。

Milli-Qは30年間、分析機器の高感度化、社会的な分析要請に対応し、信頼できる結果を得るために不可欠な、極限まで不純物を除いた水を提供してきました。
私達がお約束するのは極限までのQualityです。
これまでも、これからも。

Purification Technology
独自の点灯方式を採用した短波長185nm UVランプにより、長期間安定して、バックグランドの原因となる超純水中の有機物を酸化分解します。

Monitoring Technology
比抵抗計およびTOC計を標準装備。
HPLC分析で重要となる有機物濃度を独自の手法で正確に測定し表示します。

Maintenance
分析結果の信頼性に影響を与える定期的な機器管理。
Milli-Qは水質センサーのキャリブレーション、装置のバリデーションに対応しています。

http://www.millipore.com/LW

HPLC,LC/MS用
超純水装置
Milli-Q Gradient

1974 Milli-Q
日本国内でMilli-Qの販売を開始。
超純水＝ミリQ水に。

1983 Milli-Q
活性炭・イオン交換樹脂混合カートリッジ（オーガネクス）の開発により、素材からの溶出を改善。

1987 Milli-Q SP
UVランプを導入し、有機物濃度を酸化分解により低減、また、限外ろ過膜によりエンドトキシンを除去し、バイオ研究に対応。

1995 Milli-Q SP
超純水の有機物濃度を管理するためのTOC計を導入。

1996 Milli-Q
TOC計を全機種に標準装備。
採水時の水質劣化防止を考慮した、ディスペンサーガンを採用。

Quality
- Purification Technology
- Monitoring Technology
- Maintenance

$(H_2O)^\infty$

日本ミリポア株式会社　バイオサイエンス事業本部　ラボラトリーウォーター営業部
〒108-0073　東京都港区三田1-4-28　三田国際ビルヂング　☎0120-013-148　FAX (03) 5442-9734
製品の操作・メンテナンスに関するお問合せ：☎0120-412-059
製品・サービスに関するon-lineお問合せ：http://www.millipore.com/jptechservice

Chromolith™
シリカ一体型カラム クロモリス

メルクのHPLCカラム クロモリスは、HPLC分析の世界に真のハイスループットをもたらす新世代カラムです。カラム骨格と流路を一体型（モノリス型）とすることによって、高い分解能を維持しながら、驚異的な低背圧と高耐久性を実現しました。

マクロポア構造

クロモリスのシリカ担体は一体成形された連続体です。内部には平均2μmの空洞（マクロポア）が網目状に形成され、粒子充填型カラムにおける粒子間隙の役割を果たします。

メソポア構造

クロモリスのシリカ担体表面には平均13nmの細孔が形成され、HPLCにおける分離・吸着に関与します。シリカゲル粒子の細孔に相当します。

- 低背圧 ———————— 同一流速条件でカラム背圧を格段に低く抑制
- 高カラム効率 ———————— 高流速でも高いカラム効率を維持
- 高速分離 ———— 高流速でも確実に分離、真のハイスループット分析を実現
- 高耐久性 ———— 長期間の高速分析や高粘性溶媒によるカラム劣化を最小限に抑制

HPLCカラム

クロモリスHPLCカラムは、RP-18e、RP-8e、Siの3種類。どれも高速高分解能分析から完全イナートの特性を生かしたバイオセパレーションまで、幅広い分野でお使いいただけます。
また、RP-18eには10cm、5cm、2.5cm、のサイズをご用意。目的に合わせてお選びいただけます。

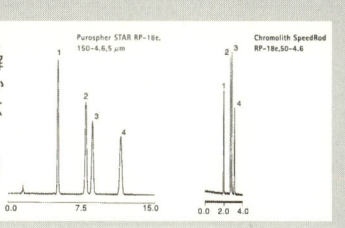

キャピラリーカラム Cap Rod™

新発売のクロモリス キャップロッドは、シリカ一体型キャピラリーカラムです。内径100μmのキャピラリーはクロモリスのもつ優れた特性を受け継いでいます。LC-MSを用いた薬物動態解析やタンパク質分析など、ポストゲノム研究のハイスループット化に役立ちます。

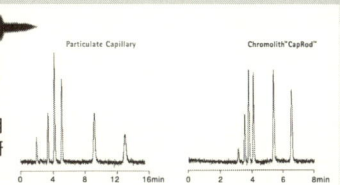

メルク株式会社

東京本社 試薬・ライフサイエンス事業部
〒153-8927
東京都目黒区下目黒1-8-1 アルコタワー5F
Tel: 03-5434-4722 / Fax: 03-5434-5076

フリーダイヤル／Eメール
Tel: 0120-189-390 / Fax: 0120-189-350
E-mail: service@merck.co.jp
http://www.merck.co.jp

MERCK

Your lab is smarter

最高速でデータ採取可能なダイオードアレイ検出器を使えば…

Agilent 1100シリーズ
ダイオードアレイ検出器

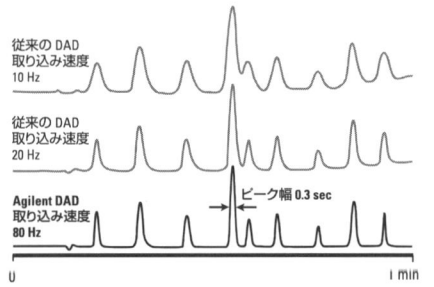

従来のDAD
取り込み速度
10 Hz

従来のDAD
取り込み速度
20 Hz

Agilent DAD
取り込み速度
80 Hz

ピーク幅 0.3 sec

- 80 Hz のフルスペクトルデータ取り込みで、超高速 LC に対応
- データリカバリカードにより完璧なデータセキュリティ
- 特許 ワイヤレスID トラッキングテクノロジーにより
  フローセルとUVランプのシリアルナンバーを自動認識
- 定評と実績の1100シリーズDADをベースに設計

[お問い合わせ窓口]
TEL. 0120-477-111 / FAX. 0120-565-154

1100 シリーズハイスループット LC システムを基にした超高速 LCでは、Zorbax 1.8μmカラムを使用することにより、分析時間を 30秒以下に短縮し、ピーク幅を 0.5 秒以下に狭めます。Agilent の新しい 1100 シリーズダイオードアレイ検出器 SL (DAD SL) では、このような超高速ピークでも確実に処理でき、マルチ波長シグナルやフルスペクトル検出を最高 80 Hz のサンプリングレートで取り込めます。0.25 秒より狭いピークであっても、正確で再現性のある積分、定量やピーク純度分析が可能で、高いスループットが得られます。そして DAD SL に内蔵されたユニークなデータリカバリカードにより、「データが決して失われない」ことを保障しています。

1100 シリーズ DAD SL は、世界中に 25,000台以上出荷されたベストセラーのダイオードアレイ検出器 1100 シリーズ DAD の持つすべての長所を引継ぎ、さらに新しいレベルのパフォーマンスとデータセキュリティをお届けします。

© Agilent Technologies, Inc. 2005 MC11828-JPAP

Agilent Technologies
dreams made real

横河アナリティカルシステムズ株式会社
本社 〒192-0033 東京都八王子市高倉町9-1

資料編　181

Your lab is smarter

30分の分析が3分で終了。
ZORBAX Rapid Resolution HTで、ここまで分析時間を短縮。

ZORBAX Rapid Resolution HT（RRHT）カラムは高速分析に最適な分離を実現するために、開発されました。ZORBAX RRHTは2μm以下の（平均1.8μm）多孔性充填剤を使用し、ハイスループットHPLC分析や、高速LC/MSに対応した超高速分離を実現したカラムです。

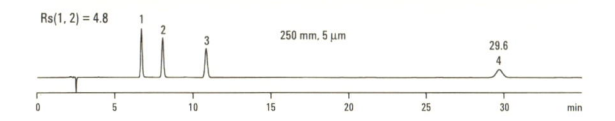

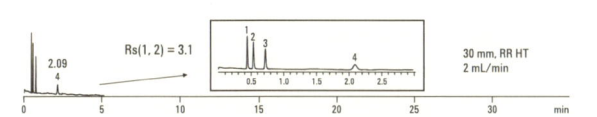

- 平均粒径1.8μm全多孔性球状充填剤
- 圧力損失は通常のカラム並みなので既存の装置で使用可能 注1
- 充填剤は、低pHで高耐久性を誇るSB-C18、SB-C8、中域pHで高耐久性のEclipse XDB-C18、XDB-C8、pH11.5までの移動相に対応できるExtend-C18を用意
- 内径は2.1mm、3.0mm、4.6mm、長さは15mm、30mm、50mm、100mmをラインナップ。注2

Column: ZORBAX SB-C18 Mobile Phase: 20mM NaH2PO4(pH 2.8)/ACN(1:1)
Sample: 1. Estradiol 2. Ethynylestradiol 3. Dienestrol 4. Norethindrone

注1：機種によっては改造が必要な場合や対応できない場合があります。詳細は、お問い合わせください。
注2：充填剤によっては、全てのサイズをご用意していないものがあります。

プレゼント
先着20名の方にZORBAX RRHTカラムの試供品を提供します。「RRHTカラムの試供品希望」と記載の上、CSS営業部宛にFax.0426-60-8676またはメールで、yan_bcs@agilent.comへお申し込みください。

[お問い合わせ窓口]
TEL. 0120-477-111 / FAX. 0120-565-154
本社 〒192-0033 東京都八王子市高倉町9-1
www.agilent.com/chem/jp

©Agilent Technologies, Inc. 2005　MC 10587 ENE-JPAP

Agilent Technologies
横河アナリティカルシステムズ株式会社

索　引

あ 行

亜硝酸イオン　9
アミノ酸　138
アミノ酸分析　136,138
安定性　3
イオン交換クロマトグラフィー　161
イオン対試薬　44
イオントラップ MS（ITMS）　150,163
イオントラップ質量分析装置（ITMS）　146
イオンペア試薬　159,160
イオンペア法　41
イオン抑制法　41
一斉分析　49
移動相　143
移動相の設定　16
移動相溶媒のリサイクル使用　115
移動相流量　169
引火性　117
インジェクター　68,144
ウラシル　9
液漏れ　86
エンドキャッピング試薬　23
オートサンプラー　68
オーバーラップインジェクション法　115
回収率　2
化学物質管理促進法（PRTR 法）　119
カラム　144
カラムスイッチング法　132
カラムの選択　16
カラムの廃棄方法　121
間接検出法　103
感度　143,154,159
器具・容器の洗浄　113
ギ酸　151
希釈再現性　3
気泡　19, 66
逆相 HPLC　48, 54
逆相 HPLC カラム　18
逆相系シリカベースのカラム　23
逆相固定相　50
キャピラリー LC　68,89
キャピラリーカラム　32,89
キャピラリー用モノリスカラム　128

キャリブレーション　153
極性　16
キラル化合物　57
キラル固定相　55,57,58
キラル分離　55
キラル分離メカニズム　56
グラジエント　19
グラジエント濃度正確さ　83
グラジエント法　82
クロストーク　147
クロマトグラフィー用語　8
蛍光検出器　101
軽溶媒　157
検量線　3
高温・高圧水　84
光学異性体過剰率　57
光学純度　57
高速分析　134
高流速　149
コスト比較　113
ゴーストピーク　10
固相抽出カートリッジ　35
固相抽出カートリッジカラム　122
固相抽出用器材　123
混合溶媒　52
サイクリックボルタンメトリー　93
酢酸　151
酸解離定数　95
残存シラノール量　29
サンプリングレート　14
紫外可視検出器　59
シクロデキストリン（CD）　56
シクロデキストリン（CD）カラム　46
質量破過　30
質量分析計　60
修飾密度　29
純度　105
使用期限　122
硝酸イオン　9
蒸発光散乱検出器（ELSD）　60
消防法　117
除タンパク　125
シリカ系カラム　24
試料注入量　169
シングル四重極 MS（QMS）　149,163

索　引

浸透制限充填剤　27
水素炎イオン化検出器(FID)　60
スペクトル感度　146
正確さ　2
生体試料　2, 131
精　度　2
接　続　89
接続配管　167
接続部　167
セル温調の効果　101, 102
洗浄方法　81
選択性　17
送　液　66
装置内部　81
装置のメンテナンス　113
疎水性　16
耐圧性　85
多量試料導入　128
短期安定性　3
タンパク質の消化物(ペプチド)　134
チェックバルブ　66
チップ化　78
チューニング　152
長期安定性　3
超高圧型システム　36
超高速 HPLC　13
超高速液体クロマトグラフィー　85
超純水装置　113
超微粒子充填カラム　85
超臨界流体クロマトグラフィー(SFC)　59, 62
定量下限　3
デガッサー　143
データサンプリング　149
デトラヒドロフラン(THF)　48
テーリング　54, 131
電圧が不安定　75
糖　類　95
特異性　2
毒物及び劇物取締法　119
トラップカラム　132
トリプル四重極 MS(Q/QMS)　149, 163
内面イオン交換カラム　27
内面逆相カラム　27
ナノスプレーノズル　168
2 次元デュアルリニアグラジエント溶出法　72

濡　れ　50
ネガティブピーク　11
濃度反応曲線　3
配位性　16
配管チューブ　87
ハイスループット化　72
ハイブリッド Q/TOF-MS　163
ハイブリッドタンデム MS　164
ハイブリッド四重極リニアイオントラップ MS
　　(Q/LITMS)　164
バリデーション　2
パルスドアンペロメトリー検出器　92, 95
反応試薬　99
飛行時間型 MS(TOF-MS)　150, 163
飛行時間型質量分析装置(TOF-MS)　146
標準溶液の安定性　4
表面積　30
微量分析　123
ファンディームター(の)曲線　13, 36
フィルター　124, 125
フォトダイオードアレイ検出器　59
不斉認識　55
フューズドシリカ管　32
プランジャーシール　86
フーリエ変換イオンサイクロトロン共鳴 MS
　　(FT-ICRMS)　150
フーリエ変換イオンサイクロトロン
　　共鳴質量分析装置(FT-ICRMS)　146
フーリエ変換サイクロトロン共鳴 MS
　　(FT-ICRMS)　164
フーリエ変換赤外分光光度計(FTIR)　59
プレカラムスプリット方式　165
プレカラム誘導体化法　138
分子インプリント法　25
分取クロマトグラフィー　115
分取超臨界流体クロマトグラフィー　116
分離係数　6, 58
分離度　6
分離能　17
ベースライン　15
ペプチド類　132
保管方法　118
保持許容量　30
保持係数　17
ポストカラムスプリット方式　165

索引

ポストカラム誘導体化法　99, 138
ポリマー系カラム　24
ポンプ　86, 144
マイクロ化　78
マイクロスプリッター　165
マイクロチップLC　77
マイクロチップ化　76
前処理カラム　27
前処理後の安定性　4
マニュアルインジェクター　68
未知ピーク　125
ミックスモード充填剤　35
薬物濃度分析法　2
有機酸分析　136
有機溶媒　117, 119
有機溶媒の分類　117
誘導体化　162

誘導体化試薬　136
ユニオン　90
溶解度パラメーター　48
容器による影響　110
容器による汚染　112
溶媒保管　108
溶媒和　52
溶離液の調製　21
四重極MS　146
ライン　143
ランニングコスト　115
リニアイオントラップ(LIT)MS　146
流速グラジエント　39
超臨界流体クロマトグラフィー　59
理論段数　6, 17
冷凍/解凍サイクル安定性　3
濾過　124

欧文

CD-ROM　5
FAST-HPLC　85
FDA　2
HILIC モード　161
HPLC用水　113
HPLC用溶媒　110
H-u 曲線　62
JIS　8
LC/MS　142, 151, 152, 153, 154, 158, 159, 160, 165
LC/MS/MS　147
LC/MS(/MS)　146, 149
LC/MS種類, 長所・欠点　163
LC/MS用溶媒　110
LC/NMR　156, 157, 158

LC-MS/NMR　158
MIP　25
MSDS　120
Nano-LC/MS　167
o, m, p-位置異性体　46
ODS　29
pH調製　21
pK_a　16
SN比　143
SUS管　32
t_0　9
UPLC　36, 85
UV-VIS検出器　102

液相色譜

液クロ虎の巻

誰にも聞けなかった
HPLC Q&A
High Performance Liquid Chromatography

監修■東京理科大学薬学部教授
薬学博士　中村　洋

編集■(社)日本分析化学会
液体クロマトグラフィー研究懇談会

プロ集団が書いた、オフィシャルガイド!!
液クロの現場で日々発生する素朴な疑問の数々。想定されるこれらの問題に、液クロ懇談会の精鋭メンバーが分かり易く答えております。最先端の情報をもとに編集された『液クロ虎の巻』が、さまざまな現場で活用されますことを願っております。

B5版　172頁
定価■本体価格**2,800**円+税
ISBN4-924753-47-5　C3043

発行　筑波出版会
〒305-0821 茨城県つくば市春日2-18-8
電話■029-852-6531　FAX■029-852-4522
URL■http://www.t-press.co.jp

発売　丸善 出版事業部
〒103-8244 東京都中央区日本橋3-9-2 第2丸善ビル
電話■03-3272-0521　FAX■03-3272-0693

液クロ 虎(トラ)の巻

『液クロ 虎(トラ)の巻』あらまし Question 項目

1章　HPLCの基礎と理論
1　理論段の考え方は？
2　半値幅で求めた理論段数 N とピーク幅で求めた N が異なる理由は？
3　保証された理論段数が得られない原因は？
4　同じカラムを連結するさい，必要最低本数の求め方は？
5　t_0 またはホールドアップボリュームを測定するのに適当な溶質とは？
6　ソルベントピークとよばれるピークが現れる原因と対策は？
7　クロマトグラムピークの歪みの原因は？
8　ピークテーリングの原因と対策は？
9　クロマトグラム上に現れる負のピークの原因と対策は？
10　内標準物質の選定方法は？
11　ベースラインが移動する，また変わる理由は？
12　検出限界，定量限界と回収率の求め方は？
13　測定法の評価に必要な事項は？
14　クロマトグラフィーの再現性をよくするには？
15　カラムをスケールアップするとき，最大吸着量は SV，LV のどちらに依存する？
16　微量成分の分取のさいの注意点は？
17　分取を行うときのカラム内径と分取可能な量は？

2章　固定相と分離モード ─充填剤，カラム─
18　液体クロマトグラフィー充填剤の基材の特徴と選択法は？
19　全多孔性充填剤の場合に，溶離液は細孔内も流れている？
20　逆相系，ODSでは分離の場はアルキル鎖全体，それとも？
21　微小径の無孔性充填剤の長所，短所は？
22　逆相系でC18とC8が多く使われる理由は？
23　炭素量が異なるとゲルの性質や試料の分離が変わる？
24　エンドキャッピングとは？
25　シリカゲル担体の充填剤の方が分離機能が高いのは？
26　カラムの溶媒置換や，洗浄，保管法は？
27　ポリマー系カラムの洗浄は？
28　カラムの温度調節の必要性は？
29　アフィニティー充填剤の特徴と取扱い上の注意点は？
30　目的にあったHPLCの選択法とは？
31　天然高分子ゲルの種類と分離目的は？
32　生体成分の分離精製で，分離モードの使い分け，組合せのコツは？
33　分離条件の最適化の方法は？

3章　移動相（溶離液）
34　移動相には必ずHPLC用溶媒を使わないといけない？
35　添加剤入りの溶媒を用いるときの注意事項は？
36　溶離液を再現性よく調製するにはどうする？
37　溶離液の作製方法は？
38　移動相の脱気は必要？
39　汎用の水-メタノール系と水-アセトニトリル系の移動相の利点，欠点は？
40　低圧グラジエントと高圧グラジエントの特徴は？
41　移動相溶媒のつくり方，グラジエント分離条件の設定は？
42　溶離法の特徴と応用は？
43　リニアグラジエント溶出を行う場合，設定流量の精度は？
44　任意に連続的に変えられる濃度勾配溶出法とは？

4章　検出・定量・データ処理
45　新しい検出系の長所，短所(限界)，開発動向は？
46　溶離に用いる水についての具体的な基準は？
47　短波長側で測定をするとき，どの程度の波長まで測定可能？
48　ハードウエアが原因の検出ノイズとは？
49　S/N を2倍向上させるには？
50　間接検出法の原理は？
51　RI検出器のベースラインを安定させるには？
52　所定の感度が得られません！
53　多波長検出器とは？
54　蒸発光散乱検出器の原理と特徴は？
55　ポストカラム誘導体化法，プレカラム誘導体化法とは？
56　重なったクロマトピークの各成分を定量するには？
57　ピーク面積法とピーク高さ法の使い分けは？
58　データの信頼性，精度などのバリデーションは？

5章　HPLC装置
59　HPLCの設置場所の温度制御は？
60　装置の配管を行うさいの注意点は？
61　装置の洗浄，溶媒置換，保守は？
62　パイロジェンの除去，洗浄法は？
63　ピーク分離をよくする装置上の工夫は？
64　カラム溶離液をリサイクルする利点は，欠点は？
65　ステンレス使用の装置とメタルフリーの装置を比べると……？
66　「流量正確さ」と「流量精密さ」，両者の違いは何？
67　ミクロLC，キャピラリーLCの有用性と市販装置の現状は，ミクロ化は可能？
68　オートサンプラーによる注入量と注入精度は？

6章　前処理
69　試料調製時の注意すべき点は？
70　生体試料の取り扱い上の留意点は？
71　固相抽出法の概要，選択方法は？
72　試料前処理やカラムスイッチングの自動化は？
73　血中薬物を直接注入して薬物分析が可能？
74　試料を溶かす溶媒は，また，試料はどの移動相に溶解させるのがよい？

7章　応用
75　ピーク形状をシャープにするのには移動相に何を添加する？
76　特定の試料のみ分離不良！
77　溶媒だけを注入してもピークが出現！
78　TFAを添加する理由，濃度，使用上の注意点は？
79　光学異性体分離用カラムの選択法は？
80　数平均分子量と重量平均分子量とは？
81　平均分子量の測定値が違ってくる！
82　校正曲線間の相関はどうなっている？
83　サンプルがカラムへ吸着して，正確な分布が求められない！
84　複数のカラムを連結するときの順序は？

液相色譜

液クロ 龍の巻

誰にも聞けなかった
HPLC Q&A
High Performance Liquid Chromatography

監修■東京理科大学薬学部教授
薬学博士　中村　洋

編集■(社)日本分析化学会
液体クロマトグラフィー研究懇談会

プロ集団が書いた、オフィシャルガイド!!

液クロの現場で日々発生する素朴な疑問の数々。想定されるこれらの問題に、液クロ懇談会の精鋭メンバーが分かり易く答えております。最先端の情報をもとに編集された『液クロ龍の巻』が、さまざまな現場で活用されますことを願っております。

B5版　202頁
定価■本体価格**2,850**円＋税
ISBN4-924753-48-3　C3043

発行　筑波出版会
〒305-0821 茨城県つくば市春日2-18-8
電話■029-852-6531　FAX■029-852-4522
URL■http://www.t-press.co.jp/

発売　丸善 出版事業部
〒103-8244 東京都中央区日本橋3-9-2 第2丸善ビル
電話■03-3272-0521　FAX■03-3272-0693

液クロ 龍(リュウ)の巻

『液クロ 龍(リュウ)の巻』あらまし Question 項目

1章　HPLCの基礎 ―理論と用語―
1. 移動相の流速とカラム抵抗圧との関係は？
2. 極微量の流速を得るのに用いられるスプリッターの原理は？
3. ピークの広幅化をもたらす要因は？
4. カラムの長さ，内径と注入する試料の量の関係は？
5. カラムの内径を細くすればするほど分解度が上がる？
6. カラムの平衡化の基準の判断は？
7. 分子量の差で分離する方法のよび名は？
8. 換算分子量のずれの傾向の具体例は？
9. 絶対感度，濃度感度の意味は？
10. 電気クロマトグラフィーとは？
11. pH，pK_aとはどんなもの？
12. HT分析とはどういう分析？また，条件設定のポイントは？
13. High Temperature HPLCとは？
14. 超臨界流体クロマトグラフィーとHPLCやGCとの違いは何？
15. 公定法でHPLCを一般試験法として採用しているものは？
16. 3種類のバリデーションの具体的な使い分けは？
17. 固相抽出におけるuの値は？

2章　固定相と分離モード ―充填剤，カラム―
18. 再現性よくHPLCカラムを充填する方法は？
19. データをみるときの留意点は？
20. オープンチューブカラムが市販されていない理由は？
21. モノリスカラムとはどんなカラム？
22. 前処理や分離ではない目的で使用されるカラムとは？
23. ピーク形状の異常の原因とその対策は？
24. 気泡を抜く方法は？カラムをからにしてしまった場合は？
25. 逆相シリカゲルカラムの炭素含有率，比表面積，細孔径は？
26. モノメリック，ポリメリック充填剤とは何？
27. 残存シラノールの性質は？
28. シリカ系逆相カラムの劣化はどのように起こる？
29. 保持が徐々に減少し，再現性が得られないのは？
30. C30固定相はODSと比べ，どのように異なっているか？
31. 試料負荷量の大きなODSカラムとは？
32. セミミクロカラムを使用するときの注意点は？
33. キャピラリーLC，セミミクロLCが感度的に有利である根拠は？
34. 微量試料の注入方法のメカニズムとは？
35. 試料容量を増加させて分析する方法は？
36. GPCはどこまでミクロ化が可能？

3章　移動相（溶離液）
37. カタログに表示の"高速液体クロマトグラフィー用"とは？
38. HPLCに使用する水は？
39. 混合後の容積が混合前の容積と一致しないのは？
40. 緩衝液を調製するさいにリン酸塩が頻繁に使用されるのは？
41. 再現性よく移動相を調製する方法は？
42. 移動相に，亜臨界水を用いた液体クロマトグラフィーとは？
43. カラムを平衡化させ安定した分離を行うには？
44. 逆相系でLC装置を使用後，順相系に切り換える手段は？
45. ゴーストピークを小さくするか影響を回避する方法は？
46. 移動相のみを注入したらピークが出た．原因は？
47. イオン対（ペア）試薬の種類，使用方法，注意点は？
48. イオンペアクロマトグラフィーの条件設定は？
49. イオンペアクロマトグラフィーでよく起こる問題は？
50. イオン対試薬を使用するとカラムの寿命は短くなる？
51. LC/MSやLC/NMRでもイオン対試薬を使用できる？

4章　検出・定量・データ解析
52. HPLCで使用される検出器の使い分けは？
53. UV吸収をもたない物質を分析するには？
54. 光学活性物質を選択的に検出できる検出器の種類は？
55. 検出波長を切り換えながら検出する方法は？
56. 蛍光物質の励起波長と蛍光波長の選択方法は？
57. 化学発光検出器を使用する場合，検出波長の設定は必要？
58. 測定法の開発手順は？
59. 絶対検量線法，標準添加法，内部標準法の使い分けは？

5章　HPLC装置
60. カラム本体を構成している部品の名称は？
61. 何故LCカラムに，移動相を流す方向が記載されている？
62. カラムの性能を評価する方法は？
63. カラムの接続のタイプは？
64. カラムを接続するさいの部品の名称は？
65. HPLCの配管にはどんな金属，樹脂が使われている？
66. HPLCの配管用の金属のものと合成樹脂のものとの使い分けは？
67. プレカラム，ガードカラムの使用目的，用途，また違いは？
68. メーカーごとにまちまちな圧力単位の換算法は？
69. 抵抗管や背圧管を取り付ける目的は何？
70. 分析中にシステム圧力が上昇する原因と対処方法は？
71. マニュアルインジェクターの使い方は？
72. カラム恒温槽のヒートブロックと循環式の長所・短所は？

6章　LC/MS
73. LC/MSイオン化法の原理と使い分けは？
74. LC/MSに用いられる分析計を選択するポイントは？
75. LCでMSを検出する利点と欠点は？
76. LC/MS分析に適したカラムサイズは？
77. LC/MSで使用できる溶媒は？
78. クロマトグラム上にスパイクノイズが現れる原因は？
79. LC/MSでバックグラウンドが高い理由は？
80. イオンサプレッションとは何？

7章　前処理
81. 試料や移動相の除粒子用フィルターを選ぶときの注意点は？
82. 膜を使って簡単に試料の除タンパクや濃縮ができる？
83. 測定対象物が容器等へ吸着するのを防ぐための対処方法は？
84. 固相抽出カラムでの抽出法の長所，短所は？
85. ポリマー系固相抽出カラムの特徴は？
86. 前処理後の抽出液の乾燥法の長所・短所は？
87. 固相抽出96wellプレートの長所・短所は？
88. 固相抽出の自動化とは何？
89. 超臨界抽出を分離分析測定の前処理として利用する方法は？

8章　応用
90. タンパク質をHPLCで扱う場合の一般的心得は？
91. HPLCでタンパク質を変性させずに分取するには？
92. アミノ酸のキラル分離を行うときの誘導体化試薬は？
93. 糖類の分析を行うときのカラム選択法は？
94. ダイオキシンやPCBなど有害物質はどのように処理する？
95. 光学異性体を分離するときの手法は？
96. d体の後ろに溶出するl体のピークの定量法は？
97. 光学異性体を分離しないで異性体存在比を測定する方法は？

液相色譜

液クロ 虎の巻

誰にも聞けなかった
HPLC Q&A
High Performance Liquid Chromatography

監修■東京理科大学薬学部教授
薬学博士　中村　洋

編集■(社)日本分析化学会
液体クロマトグラフィー研究懇談会

プロ集団が書いた、オフィシャルガイド!!

液クロの現場で日々発生する素朴な疑問の数々。想定されるこれらの問題に、液クロ懇談会の精鋭メンバーが分かり易く答えております。最先端の情報をもとに編集された『液クロ虎の巻』が、さまざまな現場で活用されますことを願っております。

B5版　214頁
定価■本体価格 **2,850**円＋税
ISBN4-924753-50-5　C3043

発行　筑波出版会
〒305-0821 茨城県つくば市春日2-18-8
電話■029-852-6531　FAX■029-852-4522
URL■http://www.t-press.co.jp/

発売　丸善 出版事業部
〒103-8244 東京都中央区日本橋3-9-2 第2丸善ビル
電話■03-3272-0521　FAX■03-3272-0693

液クロ　虎(ヒョウ)の巻

『液クロ 彪(ヒョウ)の巻』あらまし Question 項目

1章　HPLC の基礎 ──一般教養──

1. HPLC を発明した人は？
2. 液クロを短期間でマスターするためのよい方法は？
3. 液クロでわからないことが出てきたとき，相談するところ
4. 液体クロマトグラフィー研究懇談会の活動内容は？
5. LC テクノプラザとは？
6. HPLC の勉強会の参加資格や内容は？
7. 理論段数の計算法は配管と検出器セル中での広がりの度合いも含まれる？
8. 理論段数の求め方は，またその計算式は？
9. 理論段数の高いカラムは高性能カラム？
10. カラム長とピーク幅，分離能の関係は？
11. バリデーションの実施とその頻度は？
12. 2-D クロマトグラフィーとは？どういう効果を期待？
13. 「不確かさ」とはどういうこと？
14. ベースラインが安定しないときの注意点は？
15. HPLC でピークが広がり，変形する場合の理由や対策は？
16. 検量線を引くとき誤差を大きくしないための注意点は？
17. HPLC の無人運転は問題あり，また安全対策は？
18. 室温とはどういう意味？
19. 緩衝液の pH を調整する際，温度の影響は？
20. 内標準物質とサロゲートの違いは？

2章　逆相系分離 ──固定相・充填剤──

21. 逆相カラムの性能評価項目とその意味合いは？
22. オクタデシルシリルシリカゲル充填剤の性能に統一された標準がないのは？
23. 反応溶媒に水分が混入した際の問題は？
24. 保持の再現性は工夫次第で得られるのでは？
25. 極性基導入型逆相型カラムの長所，短所は？
26. タンパク質の逆相分離で長いカラムが必要ないという理由は？
27. タンパク質の逆相分離で固定相の炭素鎖長さが分離に影響しない？
28. タンパク質の逆相分離で充填剤の粒子径の違いが分離に影響しない？
29. 逆相分配モードで移動相の塩が保持に与える影響は？
30. 逆相イオン対クロマトグラフィーにおける温度管理の重要性は？

3章　非逆相系分離 ──固定相・充填剤──

31. 高純度シリカゲルが基材として多用されるのは？
32. カラム充填剤のリガンド密度が高ければ吸着能も高くなる？
33. モノリスカラムとは，また期待できる性能は？
34. HILIC とはどんな分離モード？
35. ジルコニア基材カラムとは，またその利点は？
36. フルオロカーボン系シリカカラムの保持特性は？
37. 有機溶媒を使用して保持を調整する方法は？
38. 内面逆相カラムとはどんなもの？
39. サイズ排除クロマトグラフィーで，GPC と GFC の違い
40. 低分子リガンドをもつキラル固定相はどこのものがよい？
41. 高分子リガンドをもつキラルカラムにはどんなものがある？
42. SFC を利用した光学異性体分離は可能？
43. カラムを恒温槽で使用する場合の注意点は？

4章　移動相(溶離液)

44. HPLC 用溶媒・試薬はどこの製品を選ぶ？
45. グレードの試薬を急に代用する際の留意点，必要な処理は？
46. 溶媒にアセトニトリルを使用するとカラムの理論段数が高くなる？
47. 溶媒にアセトニトリルを使用するときの健康安全上の問題は？
48. 溶媒をリサイクルする方法は？
49. 緩衝液系移動相で分析する場合の注意点は？
50. 溶離液に使用する緩衝液に，リン酸塩がよく使用されるのは？
51. 溶離液に使用する緩衝液の最適な濃度は？
52. 緩衝液を調製する際，塩の選択は？
53. 実験室内の空気中成分がクロマトグラムに影響を与える？
54. ノイズの原因の溶存酸素の効率的な除去方法は？
55. 溶媒のアースの取り方は？

5章　検　　出

56. 濃度依存型検出器と質量依存型検出器とは？
57. UV 検出器で高感度検出を行うための注意点は？
58. UV 検出器の検出波長を選択するときの留意点は？
59. 蛍光検出器を用いる際の留意点は？
60. 電気化学検出器のタイプと電極の種類・使用法は？
61. ELSD で使用できる溶媒範囲は？
62. ELSD の分析条件設定上の可変パラメーターとは？
63. ポストカラム法を使用する際の注意点は？

6章　HPLC 分析 ──装置・試料前処理──

64. HPLC の始動時に必要な点検項目とは？
65. クロマトグラフ配管の内径は，カラム性能に影響を与える？
66. 分離膜方式とヘリウム脱気方式の脱気装置の特徴は？
67. 移動相を切り替える際にプランジャーシールは交換する？
68. オートサンプラーによって注入方法に違いが，また特徴は？
69. キャリーオーバーを少なくするオートサンプラーとは？
70. LC を LAN で結ぶには？
71. オンライン固相抽出法の特長と使用法は？
72. HPLC 用の除タンパク操作の具体的方法は？
73. ナノ LC で分取は可能？

7章　LC/MS

74. LC/MS のインターフェイスの構造は，種類は？
75. 付加イオンとは？
76. スキャンモードと SIM モードの違いは？
77. ESI と APCI の使い分けは？
78. ESI におけるイオン化条件の最適化の方法は？
79. LC/MS での最適な移動相流量は？
80. ESI で100％有機溶媒移動相では感度がでないのは？
81. ESI で多価イオンのできる理由は？
82. LC/MS で定性分析を行う際，より多くの情報を得る方法は？
83. LC/MS 測定で得られたスペクトルを検索するデータベースは？
84. LC/MS で定量分析を行うときのポイントは？
85. LC/MS スペクトルから測定化合物の分子量を判定する方法は？
86. 多価イオンから分子量を計算する方法は？
87. 実試料で感度が低下するマトリックス効果とは？
88. 糖類を LC/MS で測定する方法は？
89. LC/MS 測定で試料の前処理についての注意点は？
90. LC/MS でプレカラムの誘導体化法とは？
91. LC/MS に適したポストカラムの誘導体化法とは？
92. 揮発性イオンペア剤の選び方，使用上の注意点は？
93. LC/MS で TFA を使うと感度が落ちるのは？
94. 不揮発性移動相は本当に使えない？
95. MS/MS の利点と欠点は？
96. LC/MS/MS の構造と分析原理とは？

液相色譜

液クロ 犬の巻

誰にも聞けなかった
HPLC Q&A
High Performance Liquid Chromatography

監修■東京理科大学薬学部教授
薬学博士　中村 洋

編集■(社)日本分析化学会
　　　液体クロマトグラフィー研究懇談会

プロ集団が書いた、オフィシャルガイド!!

液クロの現場で日々発生する素朴な疑問の数々。想定されるこれらの問題に、液クロ懇談会の精鋭メンバーが分かり易く答えております。最先端の情報をもとに編集された『液クロ犬の巻』が、さまざまな現場で活用されますことを願っております。

B5版　214頁
定価■本体価格 **2,850**円＋税
ISBN4-924753-52-1　C3043

発行　筑波出版会
〒305-0821 茨城県つくば市春日2-18-8
電話■029-852-6531　FAX■029-852-4522
URL■http://www.t-press.co.jp/

発売　丸善 出版事業部
〒103-8244 東京都中央区日本橋3-9-2 第2丸善ビル
電話■03-3272-0521　FAX■03-3272-0693

液クロ 犬(イヌ)の巻

『液クロ 犬(イヌ)の巻』あらまし Question 項目

1章　HPLC の基礎と分離
1　最近よく聞く HILIC とは？
2　シリカゲルカラムに水を含む移動相を用いることは可能？
3　ペプチドを分離・精製するよい方法とは？
4　親水性相互作用クロマトグラフィーの分離機構は？
5　親水性相互作用クロマトグラフィーと逆相クロマトグラフィーとの選択性の違いは？
6　ペプチドを分離するメリットは？
7　逆相充填剤の細孔に移動相が入ったり，出たりするのは？
8　分離中，溶離時間の再現性を低下させないためには？
9　極性基内包型逆相固定相の特徴と利用法は？
10　塩基性化合物でないのにテーリングするのは？
11　現在のカラムでアミンの添加は必要？
12　逆相カラムで C1〜C4 程度のカラムが使われないのは？
13　複合分離とは？
14　ルーチン分析で HPLC システムの改造は必要？
15　どの程度の大きさの粒子径の充填剤が市販？
16　カラム洗浄によって劣化カラムを回復させることは可能？
17　カラムに重金属が蓄積する原因は？
18　カーボンを使った固相抽出剤や HPLC カラムのカーボンは同じもの？
19　充填剤の細孔径，細孔容積，比表面積は保持や理論段数とどのような関係？
20　ポリマー型モノリスカラムのキャパシティーが高い理由は？
21　流速に対する理論段数の変化が少ない理由は？
22　配位子交換クロマトグラフィーの原理と適用例は？
23　異性体の分離に適したカラムとは？
24　pH グラジエントとはどんな方法？
25　カラム温度が高い方が保持時間は小さい，逆の現象は？
26　構造による分離しやすい化合物，分離しにくい化合物は存在？
27　光学異性体を分離するときカラムや移動相の選択法は？
28　ODS カラムより，キラル固定相を用いた方が分離がよいのは？

2章　検出・解析
29　FTIR を SFC, SFE や HPLC の検出器として利用するには？
30　蛍光強度を低下させてしまう溶離液条件や成分は？
31　古い UV/VIS 検出器の波長正確さの確認は？
32　レーザー蛍光検出法の利点と弱点は？
33　データ取込み・ピーク検出に関しての注意事項は？
34　LC/NMR はどのようにしたらできる？
35　AUFS 設定とインテグレーターの AU あるいは mV 表示の関係は？
36　LC/ICP の利点と欠点は？
37　光化学反応検出法の原理は？
38　化学発光検出法の原理は？
39　電気伝導度検出器の測定原理は？
40　電気伝導度検出器でどのようなものを測定できる？
41　HPLC に用いられる検出器の種類と注意点は？
42　検出器をミクロ化する効果は？
43　液体クロマトグラフィーでのオンカラム検出法は？
44　知っていると便利なインターネットのアドレスは？
45　FDA21 CFR Part11 の内容は？
46　算術的に不分離ピークを分離できる？
47　データ処理におけるベースラインの引き方は？
48　HPLC のバリデーション計画の手順は？
49　超臨界流体クロマトグラフィーを分取クロマトグラフィーとして利用する利点は？
50　精製度を知る方法は？
51　リサイクル分取の方法や注意点は？
52　擬似移動床法とは？
53　分析用 HPLC で分取するさいの注意点や限界は？
54　CE と HPLC の利点と欠点は？
55　イオン排除クロマトグラフィーの原理は？
56　マイクロセパレーション，ナノフローとは？
57　網羅的分析とはどのような分析？
58　二次元クロマトグラフィーのハード，ソフトは？

3章　試料の前処理
59　除タンパク前処理法の条件は？
60　血漿中で分解する薬物を安定化させる方法は？
61　逆相 HPLC フラクションの濃縮時に突沸などが発生する解決方法は？
62　オンライン固相抽出法で使用される前処理カラムは？
63　固相抽出の自動化装置やロボットを使用するときの留意点は？
64　生体試料分析でカラム寿命をのばすには？
65　浸透抑制型充填剤カラムと内面逆相型充填剤カラムは同じもの？
66　プレカラム誘導体化法でアミノ酸の定量分析を行うときの問題は？
67　糖類の検出法は？
68　有機酸の検出法は？
69　安定剤が含まれている溶媒にはどんなものがある？
70　LC/MS には LC/MS 用の溶媒の使用が望ましいのは？
71　移動相の最適流量とは？
72　酸性，塩基性物質専用のイオン対試薬は？
73　古い試薬が使えるかどうかの判断は？
74　カラム評価にはどのような試薬が使われている？
75　移動相に THF を使うときの注意点は？
76　バッファーの選択での注意点は？
77　装置間で保持時間が変わらないようにするには？
78　溶離液を再現性よく調製するコツは？
79　カラム内のシリカゲルが溶けたり，チャネリング現象がみられるのは？
80　リン酸緩衝液を簡便に調製する方法は？
81　グラジエント溶出のためのミキサーの種類と特徴は？

4章　LC/MS
82　LC/MS の日常的なメンテナンスの方法は？
83　APCI, ESI 以外のインターフェイスは？
84　分子量より大きな質量のイオンが観測されたのは？
85　新品の LC を MS に接続するときの注意点は？
86　LC/MS で測定したら，界面活性剤が検出されたのは？
87　UV で見えるピークが MS で見えないのは？
88　TIC でベースラインの落ち込みとしてピークが観測されるのは？
89　LC/MS/MS スペクトルのライブラリーデータベースは？
90　LC/MS の溶離液を検討するときの注意点は？
91　イオン化条件の最適化の方法は？
92　異なるメーカーの装置でパラメーターを組む場合の留意点は？
93　LC/MS 装置の精度管理は？
94　LC/MS で測定するときのパラメータの設定は？
95　緩衝液の選択の目安は？
96　LC/MS で未知試料の分子量を推定するには？
97　ピーク強度に再現性が得られない原因と対策は？
98　LC/TOF-MS で定量分析は可能？

液相色譜

液クロ 文の巻

誰にも聞けなかった
HPLC Q&A
High Performance Liquid Chromatography

虎の巻シリーズ全6巻総索引付き

監修 ■ 東京理科大学薬学部教授
薬学博士 中村 洋

編集 ■ (社)日本分析化学会
液体クロマトグラフィー研究懇談会

プロ集団が書いた、オフィシャルガイド!!

大好評発売中の『液クロ虎(トラ)の巻』『液クロ龍(リュウ)の巻』『液クロ彪(ヒョウ)の巻』『液クロ犬(イヌ)の巻』『液クロ武の巻(ブ)の巻』等の虎の巻のシリーズ完結編の第6巻。液クロの現場で、日々発生する素朴な疑問の数々に液クロ懇談会の精鋭メンバーが分かり易く答えた、液体クロマトグラフィーに関するオフィシャルガイド。巻末の総合目次索引で、他巻の質問項目も確認できる。また、虎の巻シリーズ全6巻総索引付の優れモノ。

B5判 220頁 定価 ■ 本体価格 **2,800**円+税
ISBN4-924753-57-2 C3043

【発行】筑波出版会
〒305-0821 茨城県つくば市春日2-18-8
電話 ■ 029-852-6531 FAX ■ 029-852-4522
URL ■ http://www.t-press.co.jp

【発売】丸善 出版事業部
〒103-8745 東京都中央区日本橋2-3-10
電話 ■ 03-3272-0521 FAX ■ 03-3272-0693

液クロ 文(ブン)の巻

『液クロ 文(ブン)の巻』あらまし Question 項目

1章 前処理編

1. 分析に用いるイオン交換水,蒸留水,超純水の水質の違いと精製方法は?
2. 超純水装置で紫外線ランプが装置されているのはなぜか?
3. nanoLC/MS(/MS)によるタンパク質分析に用いる水は何が適しているか?
4. 超純水装置からの採水には,注意しないと分析に影響が出る
5. 超純水は採取直後に使った方がよいのはなぜか?
6. 分析における精度管理のうえで,純水・超純水装置の管理に必要なことは?
7. HPLC用試薬,純水とLC/MS用試薬,純水が市販されているが,分析における違いは?
8. クロマトグラフィー関連試薬は,メーカーを変えることで分離に影響するか?
9. 移動相に使用するメタノール,アセトニトリルなどの一般的な品質保持期間は?
10. ポストカラム誘導体化法などで使用する反応試薬の保存期間や注意点は?
11. LC用やLC/MS用溶媒などの溶媒を扱うときの注意点は?
12. 順相系分取HPLCをセットアップする場合,ヘキサンなどの高揮発性の溶媒を大量使用するときの安全面や注意点は?
13. 海外でも同じブランドの試薬を容易に入手できるか?
14. よく実験で用いる洗浄びんの使用には注意が必要なのはなぜか?
15. 分析に用いる容器の洗浄や保管の注意点は?
16. 試料保存容器は何を使えばよいのか,容器の違いによる差はあるのか?
17. 生体試料中の医薬品を逆相HPLCで分析する場合の,簡単で効果的な前処理法とは?
18. 複合分離モードのHPLCカラムに適した固相抽出カラムの選択の方法は?
19. マイクロリットルオーダーの極微量試料を固相抽出で精製することはできるか?
20. 市販の試料前処理フィルターのHPLC用と限定されたものの違いは何か?
21. 夾雑物を多く含む試料の前処理に適したフィルターは?
22. 食品中の糖類を分析する方法は?
23. 食品中のアミノ酸分析法とは?
24. 食品中の有機酸分析法とは?
25. 残留農薬の一斉試験法にGC/MSとLC/MS(/MS)が用いられるが,両者の特徴は?
26. 水道水中の陰イオン界面活性剤の分析で,安定した回収率を得るためのコツは?

2章 分離編

27. キレート剤を移動相に添加して,金属イオンを分離・検出する方法とは?
28. 同じ移動相を作成して使用しても,バックグラウンドが昨日と一致しない原因は?
29. 試料を注入していないのに,インジェクターを倒しただけでピークが出るのはなぜか?
30. 試料溶解溶媒と移動相溶媒の種類や組成比が異なる場合,クロマトグラム上に与える影響と発生する現象は?
31. イオンクロマトグラフィーのグラジエント溶離において,サプレッサーを接続していてもゴーストピークが検出される原因と対策は?
32. 逆相分配クロマトグラフィーにおける,緩衝液の種類と濃度が分離に及ぼす影響は?
33. 逆相HPLC分離で,同一装置,同一カラムを使用していて,日によって保持時間および分離度が変動するのはなぜか,考えられる原因と対策は?
34. $H-u$ 曲線のつくり方のできるだけ具体的方法は?
35. 疎水性リガンドに親水性基やフッ素などを導入した固定相を充填した市販逆相カラムの使い道や利点と欠点とは?
36. 同一の粒子径,細孔容量,比表面積のゲルに同じ官能基が導入されている場合,どのメーカーでも同じデータがとれるのか? 違いがあるとしたら,その原因は?
37. ODSカラムの初期選択として,どのカラムを購入すべきか,どのような機能性に着目して選択すればよいか?
38. ミクロ,セミミクロ流量域で使用できるモノリス型シリカカラムはあるのか?
39. カラムの交換時期についての指針は?
40. A社の理論段数10000段の逆相カラムに代えて,B社の同サイズの理論段数15000段カラムを使用したが,思ったほど分離向上が見られない.これはなぜか?
41. イオン交換カラムでは,シリカゲル基材およびポリマー基材では分離や性質にどのような違いがあるのか?
42. カラムの保存方法,有効期間についての注意点は?
43. 効率的に分析法を開発するための手順とは?
44. 分析時間を短くするとき,グラジエントカーブはどのように変更すればよいか?
45. 逆相HPLC条件の検討をしているが,分離が不十分なので,もう少し改良するには何から始めればよいのか?
46. 分取超臨界流体クロマトグラフィーを利用した分取精製をする際の注意点は?
47. 高圧切換えバルブを用いたカラムスイッチング法の方法と流路例は?
48. 新規に購入した逆相カラムを使用したところ,今までとは分離パターンが異なってしまった.製造メーカーから,以前使用していたものと同一バッチのゲルを充填した新品カラムを提供されたが,そのカラムでも以前の分離パターンは再現できない.なぜこのようなことが起こるのか?
49. 脂肪酸の分離に銀を用いた配位子交換クロマトグラフィーが有効と聞いたが,原理は?
50. 有機酸の分離には,どのようなモードを選べばよいのか?
51. 分取精製に有効なカラムはどう選べばよいのか?
52. タンパク質キラル固定相とペプチドキラル固定相は,ともにキラル分離に有効だが,その違いは何なのか?
53. 高速分析におけるカラムの選び方や注意点は?
54. 逆相系における高温条件下での分析について,その効果とは?
55. カラムの温度を高温で使用する場合,通常のLCシステムで使用しても問題はないか?
56. 高速分析をするときのHPLC装置での注意点は?
57. 高速分離のために小さい充填剤を使用する場合,どの程度まで小さい充填剤が市販されているのか?
58. 高速分析ではピークが高速に出現すると思うが,検出器の応答速度はどの程度必要か?
59. 分析の高速化を行う場合,実際にはカラム洗浄と再平衡化に時間がかかり,思ったほど高速化できない.より高速化するには,どうすればよいか?

3章 検出編

60. HPLCの分析における検量線用溶液調製方法,検量線の

作成方法は？
61　HPLCでは定性分析の経験しかないが，定量分析を行う際の注意点は？
62　ポストカラム誘導体化法の種類，内容とは？
63　プレカラム誘導体化法では，どのような方法が有効なのか？
64　初心者で，HPLCの消耗品の注文やメンテナンスの相談などの場合に，部品の名称がわからない．フェラル，押しねじ，ユニオン，プランジャーシールとは何か？
65　プランジャーやバルブの洗浄・交換のポイントは？
66　HPLCの配管（チューブの種類や長さなど）のときに，気をつけることは？
67　カラムの連結では違う種類のカラムをつなぐ方法でもよいのか，その適用例は？
68　スタティックミキサーとは何なのか？　どの容量を選べばよいのか？
69　HPLCの移動相の流量をはかる便利な器具は？
70　ELSDを初めて使う場合，使用にあたって，ELSD特有の注意点は？
71　PDA検出器で確認試験と定量試験をかねる場合の正しい運用方法は？

4章　LC/MS編

72　LC/MSインターフェースの種類，選択のコツは？
73　モノアイソトピック質量とは何か？
74　LC/MSとGC/MSで得られるフラグメンテーションが異なる理由は？
75　LC/MS(/MS)で得られる分子関連イオン以外のフラグメントイオンの帰属を解析する際の注意点は？
76　LC/MSにおけるデータのサンプリング速度とスペクトルやクロマトグラムとの関係はどうなっているのか？
77　未知試料をLC/MSで分析する際に推奨されるMS条件設定の手順は？
78　未知試料をLC/MSで分析する際に推奨されるLC条件設定の手順は？
79　LC/MS/MS，MRMでの多成分同時微量分析で，特定の成分のみがばらつくが，その原因にはどんなことが考えられるのか？　実試料だけでなく標準試料の分析でも観察され，UV検出器では観察されない場合の解決方法は？
80　LC/MSで高速分析を行う場合の注意点は？
81　LC/MSでバックグラウンドイオンが観測される原因と減少させる方法は？
82　血液試料をLC/MSしたときのバックグラウンドを下げる方法は？
83　LC/MSで人体に有害な物質を分析する場合，排気が気になるが，排気の仕組みは？
84　HPLC，LC/MSに関する初心者向けの市販の参考書は？

液クロ武(ブ)の巻
誰にも聞けなかった HPLC Q&A

発行	平成17年12月1日　初版発行
	平成30年5月16日　第3刷発行

監修　東京理科大学 薬学部教授　中村　洋
編集　(社)日本分析化学会　液体クロマトグラフィー研究懇談会
発行人　花山　亘
発行所　株式会社筑波出版会
　　　　〒305-0821　茨城県つくば市春日2-18-8
　　　　電話　029-852-6531
　　　　FAX　029-852-4522
発売所　丸善出版 株式会社
　　　　〒101-0051　東京都千代田区神田神保町2-17
　　　　電話　03-3512-3256
　　　　FAX　03-3512-3270
制作協力　悠朋舎
印刷製本　(株)シナノ

Ⓒ2005〈無断複写・転載を禁ず〉
ISBN978-4-924753-54-9 C3043
◎落丁・乱丁本は本社にてお取り替えいたします(送料小社負担)

追加情報は下記に掲載いたします
URL＝http:/www.t-press.co.jp/